Kaïss Aouadi

Synthèse stéréosélective des acides aminés via la cycloaddition 3+2

AF061244

Kaïss Aouadi

Synthèse stéréosélective des acides aminés via la cycloaddition 3+2

Acides aminés énantiopurs

Presses Académiques Francophones

Impressum / Mentions légales
Bibliografische Information der Deutschen Nationalbibliothek: Die Deutsche Nationalbibliothek verzeichnet diese Publikation in der Deutschen Nationalbibliografie; detaillierte bibliografische Daten sind im Internet über http://dnb.d-nb.de abrufbar.
Alle in diesem Buch genannten Marken und Produktnamen unterliegen warenzeichen-, marken- oder patentrechtlichem Schutz bzw. sind Warenzeichen oder eingetragene Warenzeichen der jeweiligen Inhaber. Die Wiedergabe von Marken, Produktnamen, Gebrauchsnamen, Handelsnamen, Warenbezeichnungen u.s.w. in diesem Werk berechtigt auch ohne besondere Kennzeichnung nicht zu der Annahme, dass solche Namen im Sinne der Warenzeichen- und Markenschutzgesetzgebung als frei zu betrachten wären und daher von jedermann benutzt werden dürften.

Information bibliographique publiée par la Deutsche Nationalbibliothek: La Deutsche Nationalbibliothek inscrit cette publication à la Deutsche Nationalbibliografie; des données bibliographiques détaillées sont disponibles sur internet à l'adresse http://dnb.d-nb.de.
Toutes marques et noms de produits mentionnés dans ce livre demeurent sous la protection des marques, des marques déposées et des brevets, et sont des marques ou des marques déposées de leurs détenteurs respectifs. L'utilisation des marques, noms de produits, noms communs, noms commerciaux, descriptions de produits, etc, même sans qu'ils soient mentionnés de façon particulière dans ce livre ne signifie en aucune façon que ces noms peuvent être utilisés sans restriction à l'égard de la législation pour la protection des marques et des marques déposées et pourraient donc être utilisés par quiconque.

Coverbild / Photo de couverture: www.ingimage.com

Verlag / Editeur:
Presses Académiques Francophones
ist ein Imprint der / est une marque déposée de
OmniScriptum GmbH & Co. KG
Heinrich-Böcking-Str. 6-8, 66121 Saarbrücken, Deutschland / Allemagne
Email: info@presses-academiques.com

Herstellung: siehe letzte Seite /
Impression: voir la dernière page
ISBN: 978-3-8416-2823-7

Copyright / Droit d'auteur © 2015 OmniScriptum GmbH & Co. KG
Alle Rechte vorbehalten. / Tous droits réservés. Saarbrücken 2015

SOMMAIRE

Introduction générale..02

Chap. I. *Synthèse stéréosélective de la 4-hydroxyisoleucine et analogues par cycloaddition 1,3-dipolaire*

Introduction...04
I. Rétro-synthèse : accès aux analogues de la 4-hydroxyisoleucine par cycloaddition 1,3-dipolaire...07
II. Cycloaddition 1,3-dipolaire sur des alcènes avec un centre asymétrique allylique..09
II.1 Synthèse des isoxazolidines par cycloaddition 1,3-dipolaire..........................09
II.2 Synthèse des acides aminés non naturels...13
III. Cycloaddition sur des alcènes disubstitués..14
III.1 Cycloaddition sur des alcènes-(Z)..14
III.2 Cycloaddition sur des alcènes-(E) symétriques...15
III.3 Cycloaddition sur le 3-octène-(E)..16
IV. Tentative d'inversion de la configuration du carbone C-5 du cycloadduit 18..17
V. Synthèse d'analogues de la 4-hydroxyisoleucine avec 3 centres asymétriques contigus..18
VI. Synthèse des énantiomères de l'acide 4-hydroxy-3-(hydroxyméthyl)-pyrrolidine-2-carboxylique..19
VII. Synthèse de la (2S,3R,4R)-4-hydroxyisoleucine...22
III. Conclusion...27

Chap. II. *Cycloaddition d'une nitrone dérivée de la (-)-menthone sur des motifs allyliques: un accès rapide vers l'acide aminé S-glycoside et la 4(S)-4-hydroxy-L-ornithine*

I. Introduction..29
II. Préparation des N,O,S- allyl glycosides..31
III. Synthèse de l'acide aminé S-glycoside **12**...33
IV. Synthèse de la 4(S)-4-hydroxy-L-ornithine **14**..34
V. Tentative de synthèse des acides aminés O-glycosylés..35
VI. Conclusion..37

Chap. III. *Une nouvelle approche vers des α-aminoacides cycliques énantiopurs*

I. Introduction..39
II. Stratégie de synthèse..42
III. Résultats et discussions..42
IV. Etudes structurales..46
V. Conclusion..49

Introduction générale

Les acides aminés représentent un axe d'avenir pour la synthèse de nouveaux médicaments. Du fait des progrès remarquables dans la préparation des acides aminés, les nitrones qui représentent une forme masquée de la glycine ont été largement utilisées en synthèse organique à savoir, la cycloaddition 1,3-dipolaire. L'objectif de ce livre est d'appliquer cette réaction de cycloaddition en présence d'une nitrone dérivée de glycine pour l'élaboration de structures polyfonctionnalisées, en vue d'obtenir des acides α-aminés énantiopurs naturels et non naturels.

Ce livre comporte trois parties (Figure 1):

La première partie sera consacrée à la présentation d'une nouvelle stratégie vers la 4-hydroxyisoleucine, un hypoglycémiant naturel. Notre stratégie se fonde sur la cycloaddition 1,3-dipolaire entre des nitrones dérivées de la (–) et (+)-menthone et des alcènes mono- et disubstitués. Le deuxième chapitre présentera une nouvelle approche pour la synthèse stéréocontrôlée de la 4(S)-4-hydroxy-L-ornithine. Nous développerons aussi la synthèse des composés à base des glycosides présentant des groupes hydroxyle et amino basée sur la cycloaddition 1,3-dipolaire d'une nitrone chirale sur des *N,O,S*-allyl glycosides.

Enfin, nous décrivons dans le dernier chapitre la synthèse d'une nouvelle série d'acides aminés cycliques non naturels énantiopurs, selon deux voies de synthèse originales basées sur la réaction de cycloaddition 1,3-dipolaire entre des alcènes cycliques et une nitrone dérivée de la (–)-menthone.

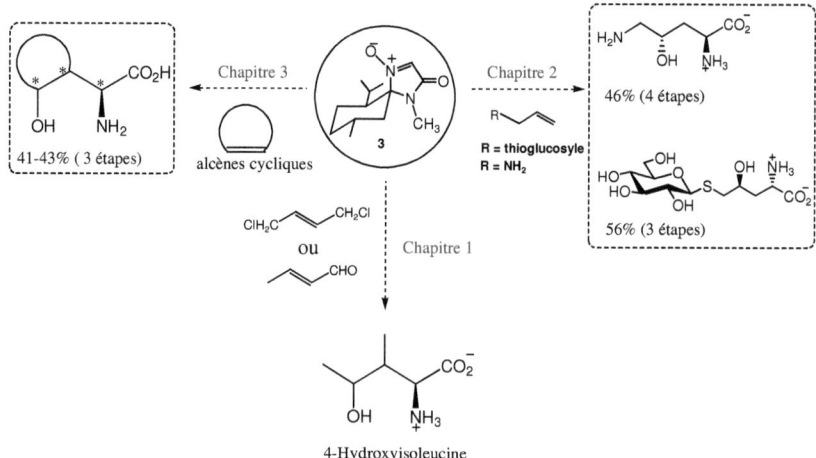

Figure 1. *Représentation schématique des différentes approches*

Chapitre I :

Synthèse stéréosélective de la 4-hydroxyisoleucine et analogues par cycloaddition 1,3-dipolaire

Introduction

La 4-hydroxyisoleucine a été isolée tout d'abord sous forme de lactone d'acide aminé d'un hydrolysat de la γ-amanitine[1] et plus tard de la ε-amanitine,[2] deux octapeptides cycliques produits par le champignon toxique, *Amanita phalloide*.[3] En 1973 Fowden et coll.,[4a] ont isolé et identifié pour la première fois la (2*S*,3*R*,4*R*)-4-hydroxyisoleucine à partir des graines de fenugrec (*Trigonella foenum-graecum*), légumineuse cultivée essentiellement dans les régions méditerranéennes et connue depuis l'antiquité pour ses vertus thérapeutiques.[5] L'étude de la configuration absolue (2*S*,3*R*,4*R*) de la 4-hydroxyisoleucine a été reprise par Alcock et coll.,[4b] et corrigée comme étant (2*S*,3*R*,4*S*) ; il est à noter que la 4-hydroxyisoleucine est aussi présente dans quelques autres espèces végétales. Ainsi, Raffauf et coll.,[6] ont montré en 1984 sa présence dans le *Quararibea funebris*, arbre de la famille des *Bombacaceae*. La 4-hydroxyisoleucine a été aussi identifiée dans des espèces telles que *Dioscoreae deltoidea* et *Balanites aegyptia*.[7]

La possibilité d'obtenir la 4-hydroxyisoleucine par extraction à partir des graines de fenugrec[8] ou par synthèse chimique a permis l'étude détaillée des propriétés hypoglycémiantes[9] de quelques uns de ses stéréoisomères, et/ou des lactones correspondantes.

Les travaux d'une équipe de chercheurs de Montpellier dirigée par Sauvaire[10b,11] ont montré que l'isomère (2*S*,3*R*,4*S*) était le plus apte à stimuler la sécrétion d'insuline.

---

1. Wieland, Th.; Wehrt, H. *Justus Liebigs Ann. Chem.*, **1966**, *700*, 120-125
2. Wieland, Th.; Bukin, A. *Justus Liebigs Ann. Chem.*, **1968**, *717*, 215
3. (a) Wieland, T.; Fahrmeir, A. *Justus Liebigs Ann. Chem.*, **1970**, *736*, 95-99 (b) Gieren, A.; Wieland, Th. *Justus Liebigs Ann. Chem.*, **1974**, *10*, 1561-1569
4. (a) Fowden, L.; Pratt, H. M.; Smith, A. *Phytochemistry* **1973**, *12*, 1707-1711 (b) Alcock, N. W.; Crout, D. H. G.; Gregorio, M. V. M.; Lee, E.; Pike, G.; Samuel, C. J. *Phytochemistry* **1989**, *28*, 1835-1841
5. (a) Billaud, C.; Adrian, J. *Médecine et Nutrition* **2001**, *37*, 59 (b) Billaud, C.; Adrian, J. *Sciences des Aliments* **2001**, *21*, 3-26
6. Raffauf, R. F.; Zennie, T. M.; Onan, K. D.; Le Quesne, P. W. *J. Org. Chem.*, **1984**, *49*, 2714-2718
7. Hardman, R.; Abu-Al-Futuh, I. M. *Phytochemistry* **1976**, *15*, 325-325
8. Hardman R.; Abu-Al-Futuh, I. M. *Planta Medica* **1979**, *36*, 79-84
9. (a) Broca, C.; Gross, R.; Petit, P.; Sauvaire, Y.; Manteghetti, M.; Tournier, M.; Maseillo, P.; Gomis, R.; Ribes, G. *Am. J. Physiol.*, **1999**, *277* (4 Pt. 1) (b) Broca, C.; Breil, V.; Cruciani-Guglielmacci, C.; Manteghetti, M.; Rouault, C.; Derouet, M.; Rizkalla, S.; Pau, Bernard.; Petit, P.; Ribes, G.; Ktorza, Alain.; Gross, R.; Reach, G.; Taouis, M. *Am. J. Physiol.*, **2004**, *287* (3 Pt. 1) (c) Sauvaire, Y.; Ribes, G. EP587476, 1994, *Chem. Abstr.*, **1994**, 120 (d) Shah, S. N.; Bodhankar, S. L.; Bhonde, R.; Mohan, V. *Pharmacologyonline* **2006**, *1*, 65-82

Cet acide aminé stimule la sécrétion d'insuline de façon proportionnelle à la concentration en glucose du milieu, en agissant sur la cellule β-pancréatique. Cette molécule agit à des concentrations micromolaires sur les îlots pancréatiques isolés de rats ou d'humains. Broca et coll.,[11] ont étudié l'effet des analogues synthétiques et naturels sur la sécrétion d'insuline. Les tests sur les îlots pancréatiques de rat dans une solution 8,3 mM de glucose ont montré que le seuil de la concentration pour une augmentation significative de la sécrétion d'insuline était de 200 μM pour la (2S,3R,4S)-4-hydroxyisoleucine, isomère majoritaire du produit naturel, mais 500 μM pour les (2S,4R) et (2S,4S)-γ-hydroxynorvalines, 500 μM pour les (2S,3S) et (2S,3R)-γ-hydroxyvalines et 1 mM ou plus pour d'autres analogues (Figure 1).

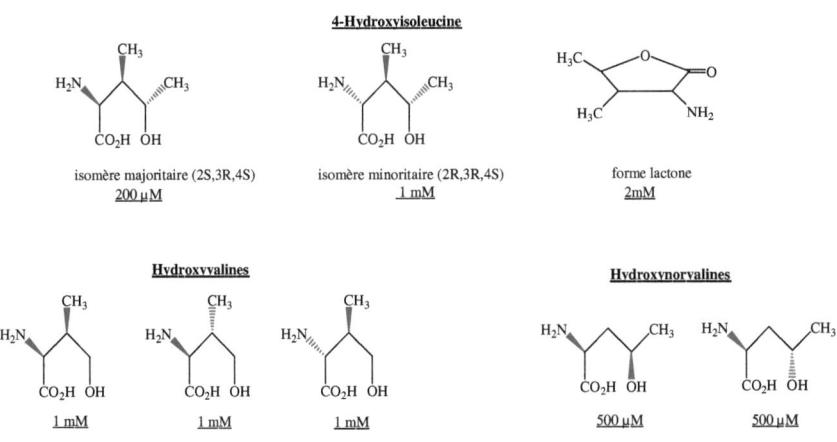

Figure 1: *Seuils d'activité des analogues de la 4-hydroxyisoleucine sur la sécrétion d'insuline*

---

10. (a) Sauvaire, Y.; Girardon, P.; Baccou, J. C.; Ristérucci, A. M. *Phytochemistry* **1984**, *23*, 479-486 (b) Sauvaire, Y.; Petit, P.; Broca, C.; Manteghetti, M.; Baissac, Y.; Fernandez-Alvarez, J.; Gross, R.; Roye, M.; Leconte, A.; Gomis, R.; Ribes, G. *Diabetes* **1998**, *47*, 206-210

11. Broca,C.; Manteghetti, M. ; Gross, R.; Baissac,Y.; Jacob, M.; Petit, P.; Sauvaire, Y.; Ribes, G. *Eur. J. Pharmacol.*, **2000**, *390*, 339-345

Récemment, la 4-hydroxyisoleucine a trouvé des applications en dermatologie. En effet, Dal Farra et coll.,[12] ont montré que l'utilisation en cosmétique d'au moins un acide aminé isoleucine, mono ou polyhydroxylé, et/ou d'un de ses dérivés, et plus particulièrement la (2S,3R,4S)-4-hydroxyisoleucine, a des propriétés remarquables au niveau cutané (régénération tissulaire, cicatrisation, action anti-inflammatoire,...). Potier et coll.,[13] ont montré aussi que la (2S,3R,4S)-4-hydroxyisoleucine est utilisée pour combattre les effets du vieillissement de la peau et du cuir chevelu et notamment la chute des cheveux.

Plusieurs stratégies ont été envisagées pour la synthèse de la 4-hydroxyisoleucine, mais la préparation de cette dernière reste complexe et difficilement industrialisable. Cette difficulté réside dans le contrôle précis des trois centres stéréogènes contigus. Une production facile de la 4-hydroxyisoleucine ou d'analogues reste un défi pour les chercheurs.

Dans ce contexte, nous avons noté une approche récente vers des acides aminés 4-hydroxylés C-glycosylés, basée sur la cycloaddition 1,3-dipolaire d'une nitrone chirale **3**[14a,15] dérivée de la (−)-menthone avec des C-allyl-glycosides et/ou des C-vinyl-glycosides. Des cycloadduits à base de sucre **4** ont été obtenus avec des rendements supérieurs à 82% et avec une haute régio- et diastéréosélectivité (Schéma 1). Comme la coupure quantitative de l'auxiliaire chiral est réalisable dans des conditions douces et comme la (+)-menthone fournit la nitrone **3a**, ce qui favorise l'accès libre vers les structures énantiopures, la méthode semble avoir un grand potentiel pour une synthèse stéréocontrôlée. La nitrone chirale **3** a été préparée en deux étapes : la première étape concerne la préparation du 2-amino-N-méthyl-acétamide **1** à partir du chlorhydrate de glycinate de méthyle et la méthylamine. L'acétamide **1** réagit *in situ* avec la (−)-menthone en présence de la triéthylamine pour donner, après 18h d'agitation au reflux de l'éthanol et après recristallisation dans l'éther diéthylique, l'intermédiaire **2** (64%).

---

12. Dal Farra, C.; Domloge, N.; Peyronel, D. EP1620185, 2004; *Chem. Abstr.*, **2004**, 141
13. Potier, P.; Ouazzani, J.; Rodelet, J. F.; Sasaki, N. A.; Zhu, W. Q. EP1268397, 2004; *Chem. Abstr.*, **2004**, 142
14. (a) Westermann, B.; Walter, A.; Flörke, U.; Altenbach, H.-J. *Org. Lett.*, **2001**, *3*, 1375-1378 (b) Revuelta, J.; Cicchi, S.; Brandi, A. *Tetrahedron Lett.*, **2004**, *45*, 8375-8377 (c) Cicchi, S.; Goti, A.; Brandi, A.; Guarna, A.; De Sarlo, F. *Tetrahedron Lett.*, **1990**, *31*, 3351-3354 (d) Kaliappan, K. P.; Das, P.; Kumar, N. *Tetrahedron Lett.*, **2005**, *46*, 3037-3040 (e) Tufariello, J. J.; Meckler, H.; Pushpananda, K.; Senaratne, A. *Tetrahedron* **1985**, 41, 3447-3453 (f) Kametani, T.; Chu, S. D.; Honda, T. *J. Chem. Soc., Perkin Trans 1* **1988**, 1593-1597
15. Vogt, A.; Altenbach, H.-J.; Kirschbaum, M.; Hahn, M. G.; Matthäus, M. S. P.; Hermann, A. R. EP 976721, 2000; *Chem. Abstr.*, **2000**, *132*, 108296

Son traitement avec 3 équiv de m-CPBA (acide méta-chloroperbenzoïque) dans le dichlorométhane conduit, après une recristallisation dans l'éther diéthylique, à la nitrone **3** avec un rendement de 94%. Les isoxazolidines **4** sont traitées par l'iodure de samarium (II) dans le THF à température ambiante pour donner les imidazolidinones correspondantes **5** avec des rendements supérieurs à 78%. Enfin, la coupure de l'auxiliaire chiral par hydrolyse acide suivie de la réduction de l'amide en présence d'un excès de LiOH·H$_2$O donne les α-aminoacides 4-hydroxylés C-glycosylés **6** avec des rendements quantitatifs (Schéma 1).

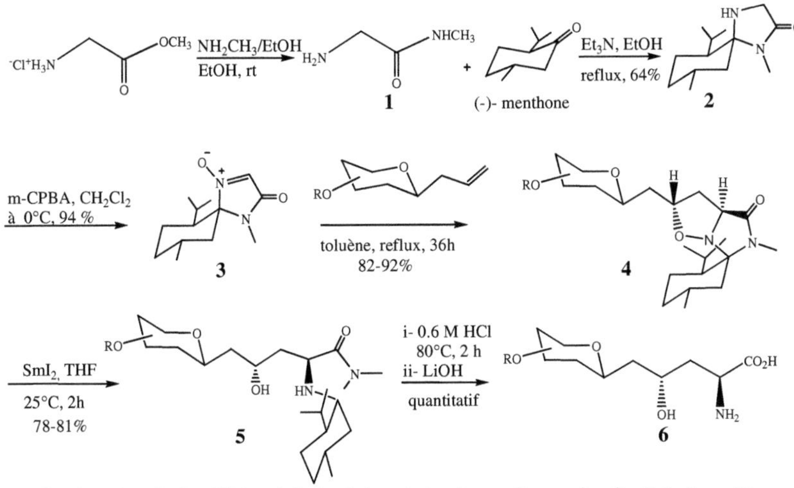

Schéma 1 : *Cycloaddition 1,3-dipolaire de la nitrone **3** avec des C-allyl-glycosides*

Dans le cadre de ce chapitre, nous avons choisi les nitrones **3** et **3a** dérivées de la menthone comme dipôles pour l'extension de cette méthodologie à de nouveaux acides aminés 4-hydroxylés non naturels, notamment la 4-hydroxyisoleucine et des analogues.

I. Rétro-synthèse : accès aux analogues de la 4-hydroxyisoleucine par cycloaddition 1,3-dipolaire

Notre stratégie se fonde sur la cycloaddition 1,3-dipolaire entre les nitrones **3** et **3a** et des alcènes mono- et disubstitués qui conduiraient à des isoxazolidines **C** et permettrait en une seule étape la création d'au moins deux nouveaux centres asymétriques. La réduction de la liaison

N—O des isoxazolidines conduirait aux imidazolidinones correspondantes **B**. Enfin, après coupure de l'auxiliaire chiral et hydrolyse de l'amide, les acides aminés **A** seraient obtenus (Schéma 2).

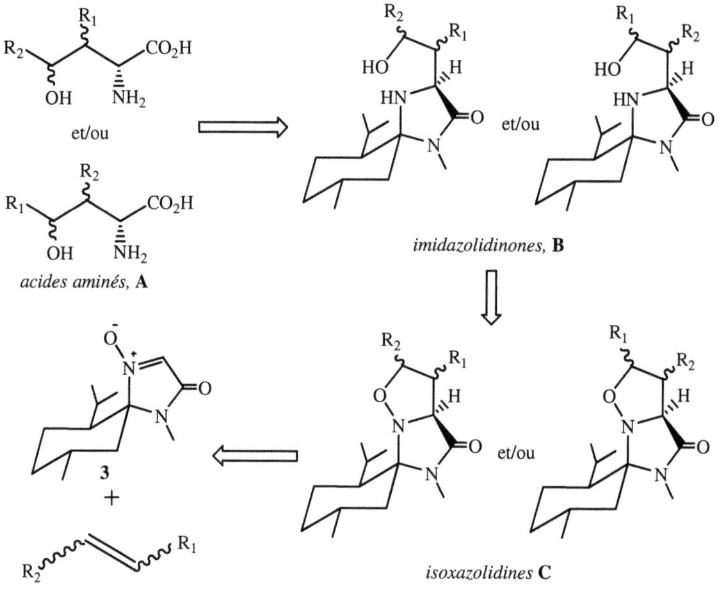

Schéma 2 : *Rétro-synthèse d'analogues de la 4-hydroxyisoleucine*

Il existe de nombreuses méthodes pour réduire la liaison N—O de l'isoxazolidine, telles que : la réduction par Zn/AcOH,[16] SmI$_2$,[14a,b] nickel de Raney,[14c] Mo(CO)$_6$,[14c,d] mélange de NiCl$_2$-LiAlH$_4$,[14e] hydrogénation catalytique en présence de l'oxyde de platine,[14f] de Pd/C 5% ou de Pd(OH)$_2$/C 20%.[17]

---

16. (a) Baldwin, S. W.; Long, A. *Org. Lett.*, **2004**, *6*, 1653-1656 (b) Aschwanden, P.; Kvaernø, L.; Geisser, R. W.; Kleinbeck, F.; Carreira, E. M. *Org. Lett.*, **2005**, *7*, 5741–5742
17. Cardona, F.; Valenza, S.; Picasso, S.; Goti, A.; Brandi, A. *J. Org. Chem.*, **1998**, *63*, 7311–7318

Afin d'aborder les problèmes dans un ordre de complexité croissante, on examinera des cycloadditions entre la nitrone **3** et des alcènes monosubstitués pour en préciser les aspects de réactivité et de sélectivité. Ensuite, le cas des alcènes disubstitués sera envisagé : ce cas de figure est en effet susceptible de mener au diastéréoisomère (*2S,3R,4S*) le plus intéressant concernant la 4-hydroxyisoleucine. Dans les deux cas, alcène mono- ou disubstitués, la présence d'un groupe fonctionnel (halogènure, hydroxyle et dérivés) en position α ou en position allylique par rapport à l'alcène introduirait un centre asymétrique au voisinage immédiat du centre de la réaction de cycloaddition. Son influence sur le cours de la réaction mérite un examen attentif en vue de tirer le meilleur profit possible des cycloadditions 1,3-dipolaires avec des nitrones chirales et dans l'espoir de mettre au point une approche synthétique efficace et économiquement viable de la (*2S,3R,4S*)-4-hydroxyisoleucine. Les divers alcènes considérés lors des cycloadditions 1,3-dipolaires avec les nitrones **3** et **3a** sont illustrés au tableau I.

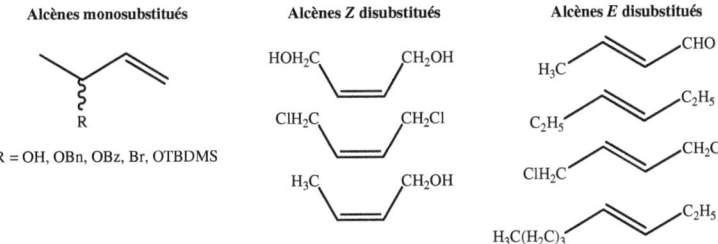

Tableau I : *Différents alcènes mono- et disubstitués utilisés dans ce travail*

II. Cycloaddition 1,3-dipolaire sur des alcènes avec un centre asymétrique allylique

II.1 Synthèse des isoxazolidines

Comme application à la synthèse des acides aminés 4-hydroxylés non naturels, nous avons considéré les but-1-ènes 3-substitués racémiques comme dipolarophiles ayant un carbone allylique asymétrique en position α du centre de la réaction, afin d'exploiter le potentiel de la cycloaddition avec les nitrones **3** et **3a**.[18a]

Aborder la question de la sélectivité de la réaction de cycloaddition, établir avec précision la structure des cycloadduits obtenus, et en particulier, déterminer la stéréochimie des 3 centres asymétriques : C-3, C-5 et C-6 du cycle isoxazolidinique (Schéma 3) demande des analyses structurales plus approfondies.[18a]

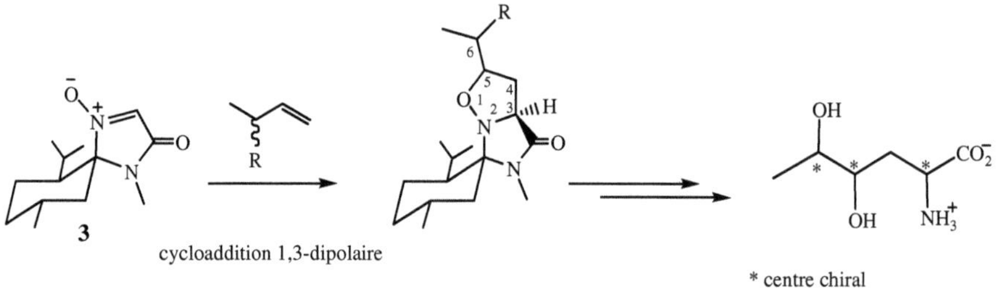

Schéma 3 : *Cycloaddition 1,3-dipolaire nitrone* **3***/alcènes racémiques*

Selon le mode d'approche (*endo/exo*) de la nitrone par rapport aux dipolarophiles, des régio- et diastéréoisomères peuvent être formés. La racémisation ou l'équilibration favorisée par chauffage prolongé peuvent également se produire,[18b] tandis que l'identification des cycloadduits par RMN peut être problématique. Beaucoup de réactions se produisent sélectivement par l'intermédiaire d'un état de transition favorisé pour des effets stériques ou électroniques.

Dans ce cadre, le 3-hydroxybutène **7a** disponible dans le commerce et ses dérivées **7b-e** semblent appropriés. En raison des conditions de cycloaddition (plusieurs heures de chauffage au reflux du toluène) et l'utilisation d'oléfines volatiles, les dipolarophiles **7a-d** ont été utilisés en large excès (2 à 9 équiv.) par rapport à la nitrone. La cycloaddition, contrôlée par CCM, est arrêtée après transformation complète de la nitrone.

La cycloaddition 1,3-dipolaire de la nitrone cyclique chirale **3** avec les alcènes monosubstitués **7a-d** conduit à deux diastéréoisomères **8a-d** et **9a-d** séparables par chromatographie flash (Schéma 4).[18a]

---

18. (a) K. Aouadi, S. Vidal, M. Msaddek, J.-P. Praly *Synlett* **2006**, 3299–3303 (b) Stecko, S.; Paśniczek, K.; Jurczak, M.; Urbańczyk-Lipkowska, Z.; Chmielewski, M. *Tetrahedron: Asymmetry* **2006**, *17*, 68–78

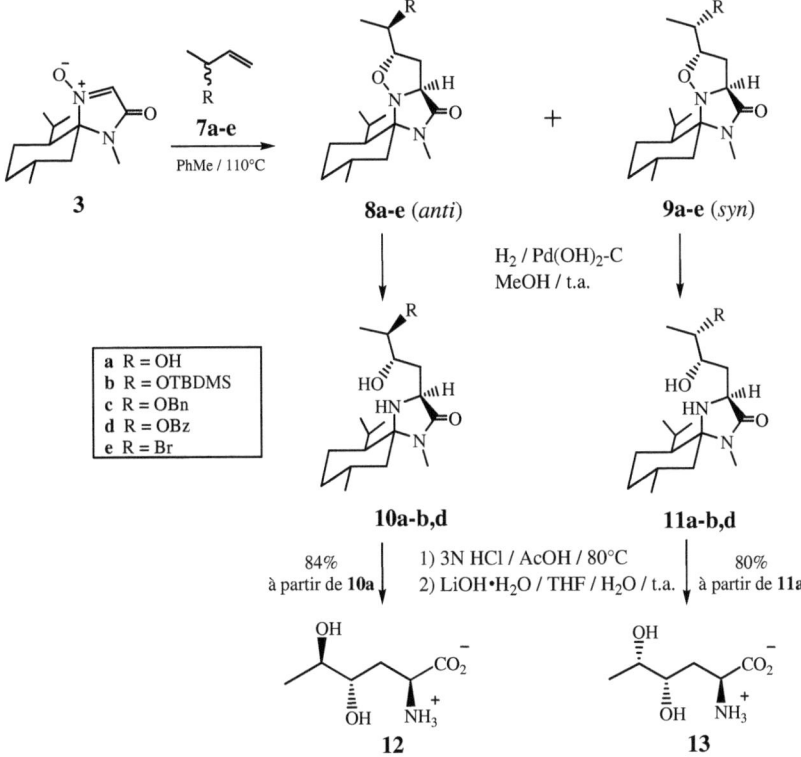

Schéma 4 : *Synthèse des acides aminés 4-hydroxylés non naturels*

Le 3-bromobut-1-ène **7e** n'est pas disponible dans le commerce alors que le 1-bromobut-2-ène est disponible comme mélange d'isomères cis/trans (~15% et 70%) et de 3-bromobut-1-ène (~15%), et ceci en se basant sur le spectre RMN ^{1}H du bromure de crotyle commercial. Nous avons trouvé par hasard que la nitrone **3** réagit avec un excès de bromure de crotyle commercial (2,7 à 69 équiv.) pour donner, après conversion complète de la nitrone, deux diastéréoisomères principaux **8e** (60-74%) et **9e** (17-20%) (Tableau II).[18a]

Alcènes	R	Nitrone/alcène rapport	Temps (h)	Rdts (%) 8a-e	Rdts (%) 9a-e
7a	OH	1:9	24	38	60
7b	OTBDMS	1:3	72	55	36
7c	OBn	1:5	48	59	30
7d	OBz	1:2	48	57	18
7e	Br	1:2,7	72	71	20
		1:6	48	60	17
		1:66	24	74	18
		1:69	24	70	18

Tableau II : *Cycloaddition 1,3-dipolaire de la nitrone 3 avec les alcènes 7a-e*

Les deux isoxazolidines **8e** et **9e** résultent de la cycloaddition de **3** avec le 3-bromobut-1-ène **7e**, qui est un dipolarophile plus réactif que le bromure de crotyle, probablement à cause de la meilleure accessibilité de la double liaison monosubstituée de **7e**. En utilisant le bromure de crotyle en large excès, on introduit une quantité suffisante de **7e** dans le mélange réactionnel pour que la réaction de cyloaddition se réalise. Autrement, **7e** a pu résulter de l'isomérisation *in situ* du bromure de crotyle[19] en présence de la nitrone ou par chauffage dans le toluène (plus de 72 h à 110 °C). La cycloaddition de la nitrone **3** avec le 1-bromobut-2-ène était marginale donnant le cycloadduit minoritaire **9e₁** avec un rendement très faible (< 4%) (Schéma 5).[18a]

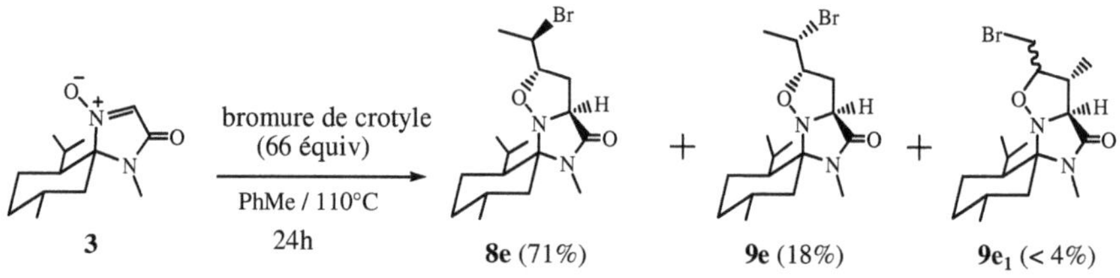

Schéma 5 : *Cycloaddition 1,3-dipolaire de 3 avec le bromure de crotyle*

---

19. (a) Young, W. G.; Winstein, S. *J. Am. Chem. Soc.* **1935**, *57*, 2013–2013 (b) Winstein, S.; Young, W. G. *J. Am. Chem. Soc.*, **1936**, *58*, 104–107

Il est à noter que dans le cas où nous travaillons avec des proportions stoechiométriques de la nitrone **3** et du bromure de crotyle commercial, la réaction n'est jamais complète et la nitrone reste abondante dans le milieu réactionnel. Ceci pourrait être expliqué par la volatilité du dipolarophile.

Par ailleurs, nous avons tenté des cycloadditions 1,3-dipolaires entre la nitrone **3** et les alcènes monosubstitués en présence d'un acide de Lewis (BF$_3$·Et$_2$O), mais aucun nouveau produit ne se forme quelle que soit la température choisie (0°C, 25°C et 110°C). Ceci pourrait être expliqué par l'encombrement stérique engendré par la nitrone et en plus avec la coordination de l'acide de Lewis, l'approche nitrone-alcène devient impossible.

La configuration des différentes isoxazolidines a été déterminée avec précision par des mesures de diffraction aux rayons X et par la RMN 1D et 2D.[18a]

II.2 Synthèse des acides aminés non naturels

L'hydrogénation catalytique des cycloadduits **8a-d** et **9a-d** en présence de Pd(OH)$_2$/C-20% à pression atmosphérique dans le méthanol donne respectivement les imidazolidinones **10a-b,d** et **11a-b,d** avec des rendements compris entre 71% et 99% (Tableau III).

L'hydrogénolyse catalytique de **8c** et **9c** permet à la fois la débenzylation de l'alcool et la coupure de la liaison N–O pour donner respectivement les imidazolidinones **10a** et **11a**.

Isoxazolidines	Imidazolidinones	Rendements (%)
8a	10a	99
8b	10b	75
8c	10a	73
8d	10d	79
9a	11a	99
9b	11b	74
9c	11a	71
9d	11d	80

Tableau III: *Rendements des imidazolidinones* **10a** *et* **11a**

La coupure de la liaison N–O des cycloadduits **8e** et **9e** n'a pas pu être réalisée dans ces différentes conditions [Pd(OH)$_2$/C-20 %, H$_2$, jusqu'à 10 atm, MeOH; SmI$_2$, THF; Zn, AcOH].

Enfin, l'hydrolyse des composés **10a** et **11a** en présence d'acide chlorhydrique suivie d'une hydrolyse du *N*-méthylamide en présence de LiOH·H$_2$O conduit respectivement aux aminoacides **12** (84%) et **13** (80%).

Ces réactions ont été également réalisées en utilisant la nitrone énantiomère **3a** dérivée de la (+)-menthone et les alcènes monosubstitués racémiques **7a-e** pour donner les acides aminés **12a** et **13a** respectivement énantiomères de **12** et **13** (Tableau IV). Tous les résultats sont comparables en termes de rendement chimique et de régio- et diastéréosélectivité.

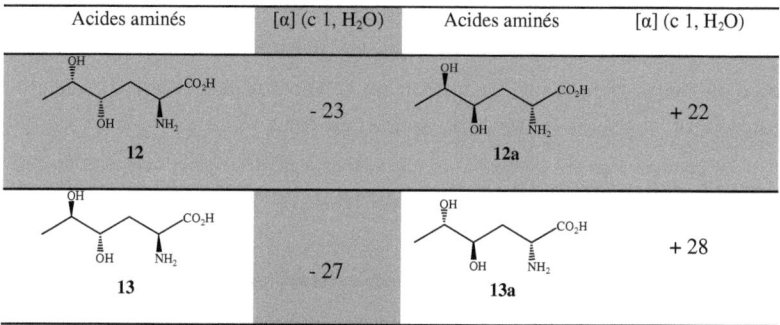

Tableau IV : *Pouvoir rotatoire des acides aminés 4-hydroxylés 12, 13, 12a et 13a*

III. Cycloaddition sur des alcènes disubstitués

III.1 Cycloaddition sur des alcènes-(Z)

Le dipolarophile 1,4-dichlorobut-2-ène-(Z) **14a** donne par cycloaddition 1,3-dipolaire avec la nitrone chirale **3** le diastéréoisomère unique **15** avec un rendement de 88%. L'approche des réactants se fait sur la face diastéréotopique la moins encombrée du dipôle-1,3 pour donner un seul cycloadduit de structure *exo* (Schéma 6).

Schéma 6 : *Cycloaddition nitrone 3/alcènes-(Z)*

De même, la cycloaddition 1,3-dipolaire de la **3** avec l'alcène (Z)-1,4-dihydroxybut-2-ène **14b** permet d'obtenir le seul diastéréoisomère **16** (Schéma 6). La purification du cycloadduit **16** n'a pas pu être réalisée ni par chromatographie sur colonne de gel de silice ni par cristallisation. Son traitement *in situ* par l'iodométhane en présence de KOH et du bromure de *tétra-N*-butylammonium donne le composé **17** avec 69% de rendement (Schéma 7).

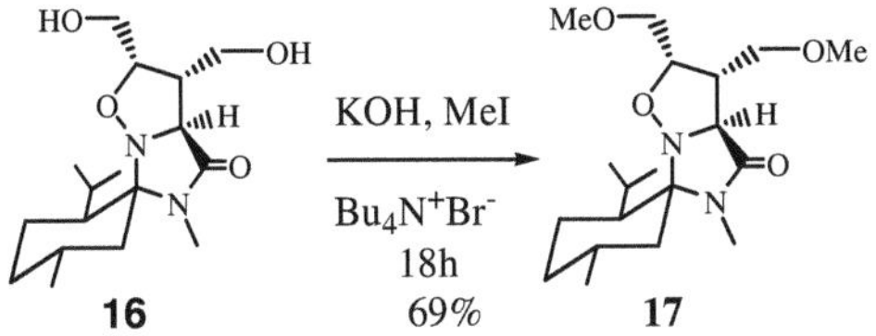

Schéma 7: *Di-O-méthylation de* **16**

Dans le cas de l'alcène (Z)-pent-2-èn-1-ol la cycloaddition 1,3-dipolaire avec la nitrone **3** conduit à la formation de deux régioisomères **18** (35%) et **19** (60%) selon une approche *exo* (Schéma 8). Dans cette réaction nous obtenons le régioisomère **19** majoritairement par rapport à **18**. Ce résultat pourrait être expliqué par la présence du groupement électroattracteur OH qui pourrait modifier les énergies relatives des orbitales frontières et donc la régiosélectivité de la cycloaddition.

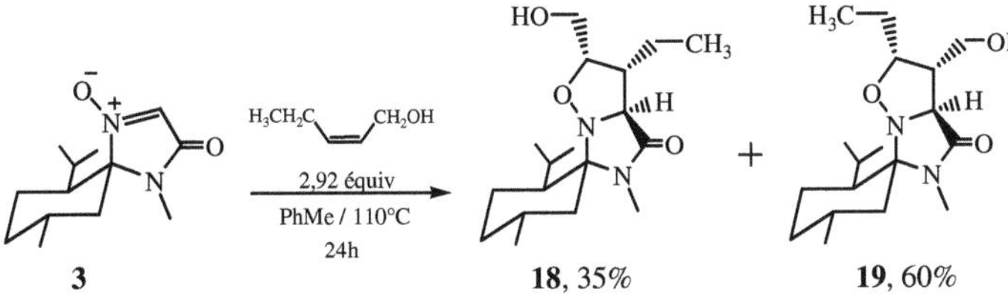

Schéma 8 : *Cycloaddition de la nitrone* **3** *avec le (Z)-pent-2-èn-1-ol*

III.2 Cycloaddition sur des alcènes-(*E*) symétriques

La réaction de cycloaddition entre la nitrone **3** et le (*E*)-1,4-dichlorobut-2-ène [Aldrich, contenant 2% de l'isomère-(*Z*)] au reflux du toluène pendant 7 jours, conduit à la formation de trois cycloadduits **20** (70%), **21** (9%) et **15** (3%) séparables par chromatographie. L'isoxazolidine minoritaire **15** (3%) résulte de la cycloaddition de la nitrone **3** avec l'isomère-(*Z*), alors que les deux cycloadduits **20** et **21** résultent de la cycloaddition de **3** avec l'isomère-(*E*). Cette réaction montre une excellente diastéréosélectivité en faveur de l'isomère **20** (Schéma 9).

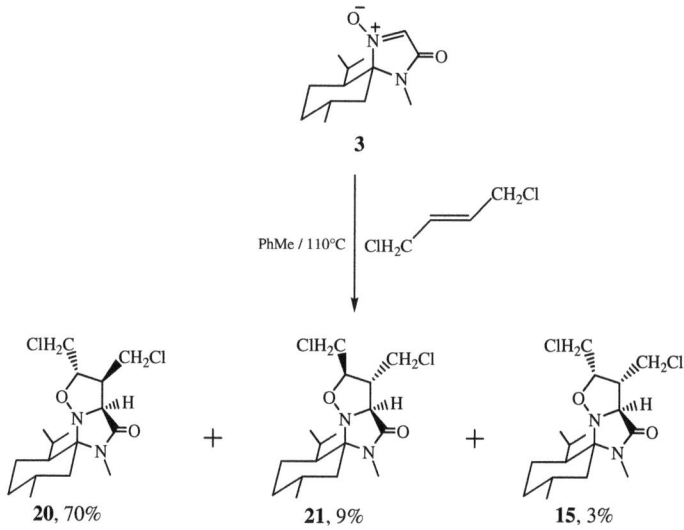

Schéma 9 : *Cycloaddition de la nitrone 3 avec le (E)-1,4-dichlorobut-2-ène*

III.3 Cycloaddition avec le (*E*)-oct-3-ène

Dans le but d'évaluer la réactivité de la nitrone **3** vis-à-vis des alcènes-*trans* non symétriques, nous avons choisi d'engager la nitrone **3** dans une réaction de cycloaddition avec le (*E*)-oct-3-ène (Aldrich). La réaction a conduit à la formation de deux régioisomères, chacun présent sous forme de deux diastéréoisomères **22** (26%), **23** (8%), **24** (21%) et **25** (9%) (Schéma 10).

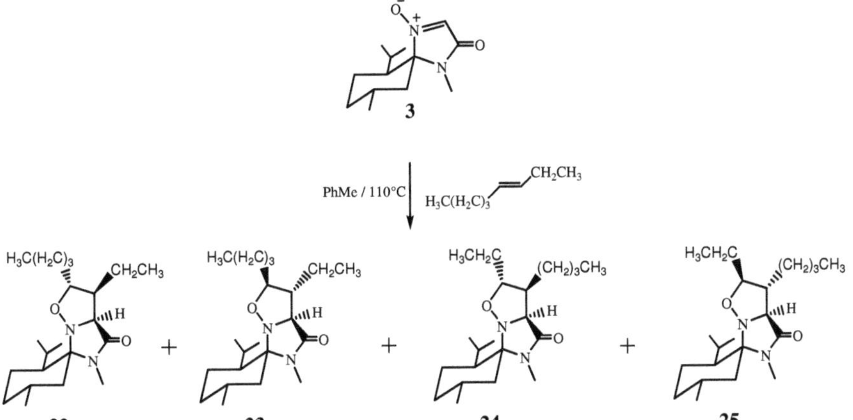

Schéma 10 : *Cycloaddition de la nitrone* **3** *avec le (E)-oct-3-ène*

IV. Tentative d'inversion de la configuration du carbone C-5 du cycloadduit 18

Dans le but de tester la méthode conduisant à la formation d'un analogue très proche de la 4-hydroxyisoleucine et surtout avec la bonne configuration (*2S,3R,4S*), nous avons tenté d'inverser la configuration du carbone C-5 du composé **18**. La substitution de l'hydroxyle du composé **18** par l'iode en présence d'I$_2$, de triphénylphosphine et d'imidazole au reflux du toluène fournit le composé **26** (85%). Son traitement par le DBU au reflux du THF pendant 3h donne l'alcène **27** (81%). Lequel, soumis à une hydrogénation catalytique en présence du Pd(OH)$_2$/C-20% pendant 1 h, il donne le composé **28** avec un rendement de 75%. Ce dernier résulte de la coupure réductrice de la liaison N–O pour donner un énol évoluant vers la méthylcétone **28** tautomère. Cette séquence implique une seule réduction avec perte de la chiralité au niveau du carbone C-5 (Schéma 11).

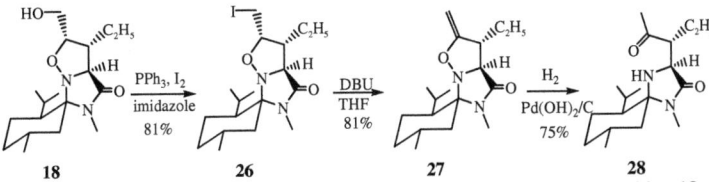

Schéma 11 : *Tentative d'inversion de configuration de C-5 du cycloadduit* **18**

Seule la réduction stéréocontrôlée de la méthylcétone **28** est susceptible de conduire au diastéréoisomère naturel de la 4-hydroxyisoleucine de configuration 2S,3R,4S.

V. Synthèse d'analogues de la 4-hydroxyisoleucine avec 3 centres asymétriques contigus

Dans le but de préparer des acides aminés avec trois centres asymétriques contigus analogues de la 4-hydroxyisoleucine, on a fait subir aux isoxazolidines **19**, **17** et **18** une hydrogénolyse catalytique sous pression atmosphérique en présence de Pd(OH)$_2$/C-20% dans le méthanol à température ambiante pour obtenir respectivement les imidazolidinones **29**, **30** et **31** avec des rendements élevés. Enfin, la coupure de l'auxiliaire chiral en présence de HCl 3N suivie de l'hydrolyse de l'amide à l'aide de LiOH monohydraté donne respectivement les acides aminés 4-hydroxylés **32**, **33** et **34** avec des rendements compris entre 72 et 88% (Schéma 12).[20a]

	R$_1$	R$_2$
19	CH$_2$OH	C$_2$H$_5$
18	C$_2$H$_5$	CH$_2$OH
17	CH$_2$OMe	CH$_2$OMe

29, 95%	**32**, 88%
30, 99%	**33**, 76%
31, 85%	**34**, 72%

Schéma 12 : *Préparation des acides aminés* **32**, **33** *et* **34**

Ces réactions ont été également réalisées en utilisant la nitrone énantiomère **3a** dérivée de la (+)-menthone et le (Z)-pent-2-èn-1-ol ou le (Z)-1,4-dihydroxy-2-butène-pour conduire aux acides aminés **32a**, **33a** et **34a** respectivement énantiomères de **32**, **33** et **34** (Tableau V). Tous les résultats sont comparables en termes de rendement chimique et de régio- et diastéréosélectivité.[20a]

---

20. (a) Aouadi, K.; Jeanneau, E.; Msaddek, M.; Praly, J.-P. *Tetrahedron Asym.* **2008**, *19*, 1145–1152; (b) K. Aouadi, J. Abdoul-Zabar, M. Msaddek, J.-P. Praly, *Eur. J. Org. Chem.* **2014**, 4107–4114

Acides aminés provenant de **3a**	[α] (c 1, H$_2$O)	[α]	Acides aminés provenant de **3**
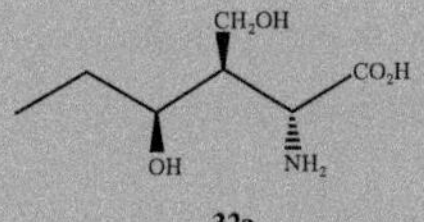 **32a** (structure: CH$_2$OH, OH, NH$_2$, CO$_2$H)	+ 28	-31 (c 0,4, H$_2$O)	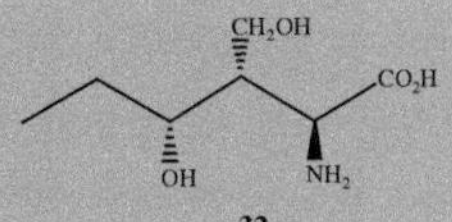 **32** (structure: CH$_2$OH, OH, NH$_2$, CO$_2$H)
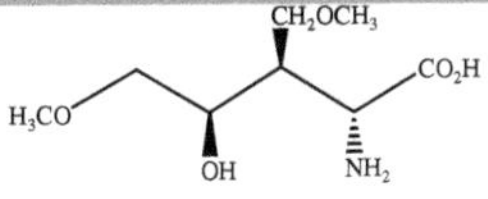 **34a** (structure: CH$_2$OCH$_3$, H$_3$CO, OH, NH$_2$, CO$_2$H)	+ 5	- 5 (c 1, H$_2$O)	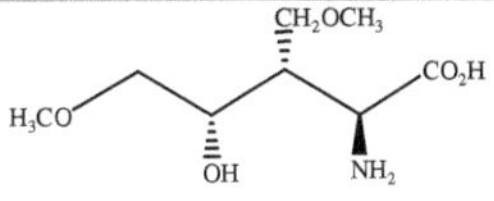 **34** (structure: CH$_2$OCH$_3$, H$_3$CO, OH, NH$_2$, CO$_2$H)
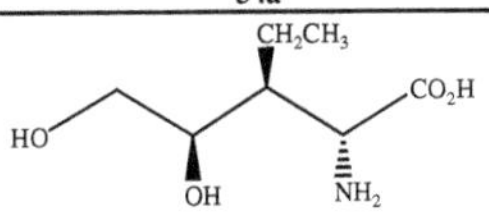 **33a** (structure: CH$_2$CH$_3$, HO, OH, NH$_2$, CO$_2$H)	+ 7	- 7 (c 1, H$_2$O)	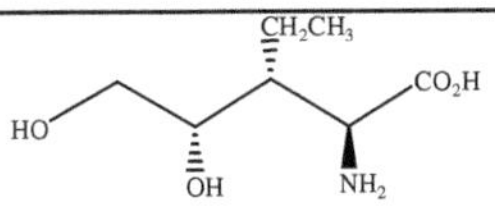 **33** (structure: CH$_2$CH$_3$, HO, OH, NH$_2$, CO$_2$H)

Tableau VI : *Pouvoir rotatoire des acides aminés analogues de la 4-hydroxyisoleucine*

VI. Synthèse des énantiomères de l'acide 4-hydroxy-3-(hydroxyméthyl)-pyrrolidine-2-carboxylique

Dans un premier temps, l'idée était de réduire les deux chlores du cycloadduit **20** en présence de Bu$_3$SnH au reflux du toluène afin d'obtenir le composé **35**, précurseur de la 4-hydroxyisoleucine. Malheureusement le produit final s'est épimérisé (Schéma 13) puisque le spectre RMN du proton et le DEPT 135 montrent un dédoublement des signaux.

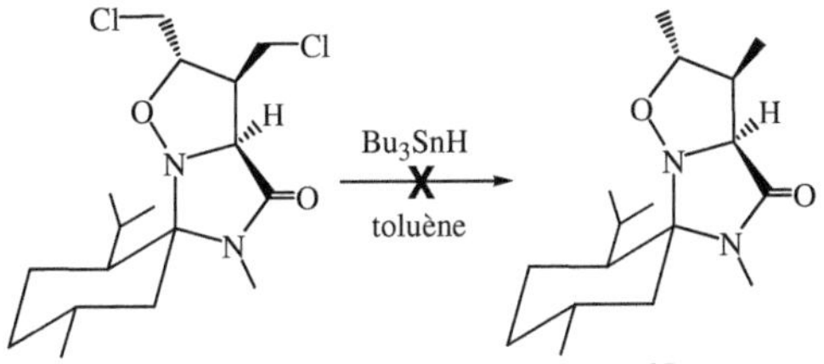

Schéma 13 : *Réduction en présence de Bu$_3$SnH*

Dans un second temps, nous avons soumis **20** à une hydrogénolyse catalytique sous pression atmosphérique en présence de Pd(OH)$_2$/C-20% pour obtenir, suite à un réarrangement intramoléculaire de l'imidazolidinone par substitution nucléophile du chlore par l'azote, le composé **36** avec 82% de rendement. Enfin, après avoir éliminé l'auxiliaire chiral, l'hydrolyse basique en présence de 5 équivalents de LiOH·H$_2$O permet à la fois d'hydrolyser le *N*-méthylamide en acide et de substituer le chlore par un hydroxyle pour donner l'acide aminé cyclique **37** avec un rendement de 76% (Schéma 14).[20b]

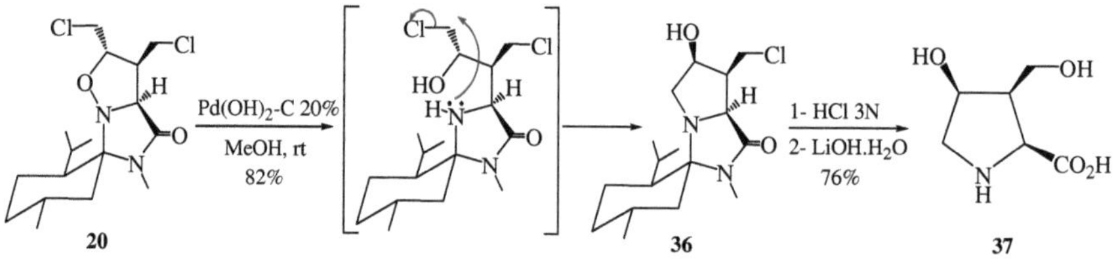

Schéma 14 : *Synthèse de l'acide aminé cyclique 37*

Le cycloadduit **20a**, obtenu par cycloaddition de la nitrone **3a** avec le (*E*)-1,4-dichlorobut-2-ène, subit les mêmes transformations que **20** pour donner l'acide aminé cyclique **37a** (70%) énantiomère de **37** (Schéma 15).[20b]

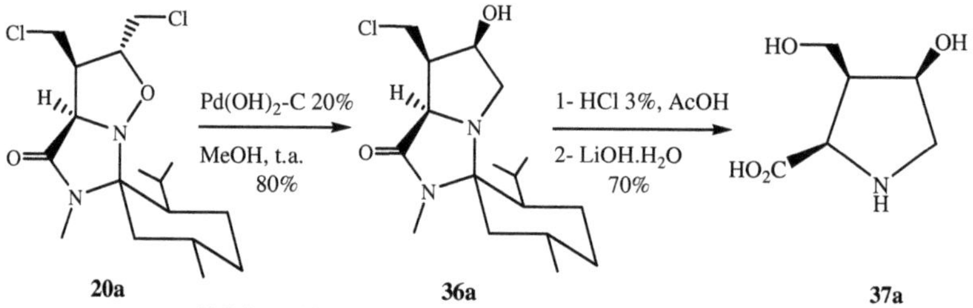

Schéma 15 : *Synthèse de l'acide aminé cyclique 37a*

Il est à noter que les acides aminés **37** et **37a** peuvent être considérés comme analogues de la bulgécinine.[21] Cette dernière, acide aminé non protéinogène, constitue une partie des bulgécines (Schéma 16). Les bulgécines sont des glycopeptides (antibiotiques naturels) produits par *Pseudomonas acidophila* et *Pseudomonas mesoacidophila*.

---

21. (a) Burk, M. J.; Allen, J. G.; Kiesman, W. F. *J. A. Chem. Soc.*, **1998**, *120*, 657–663 (b) Khalaf, J. K.; Datta, A. *J. Org. Chem.*, **2004**, *69*, 387–390 (c) Chavan, S. P.; Praveen, C.; Sharma, P.; Kalkote, U. R. *Tetrahedron Lett.*, **2005**, *46*, 439–441

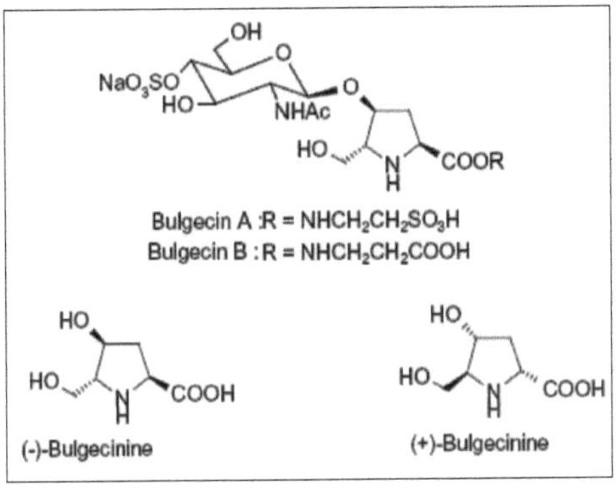

Schéma 16 : *Structures des Bulgécinines et Bulgécines*

D'autre part, la coupure de la liaison N–O du cycloadduit **15** par hydrogénolyse catalytique en présence de Pd(OH)$_2$/C à 20% ou Pd/C à 10% s'est avérée trop lente et incomplète; même après une semaine sous hydrogénation atmosphérique (ou 48 h sous pression de 10 bars). La réaction n'a jamais été totale et nous observons chaque fois la transformation seulement du 1/3 du produit de départ pour donner le composé **38** (Schéma 17). Nous avons également tenté de couper la liaison N–O du cycloadduit **15** en présence de Mo(CO)$_6$ dans un mélange CH$_3$CN/H$_2$O, malheureusement, le produit de départ reste intact.[20b]

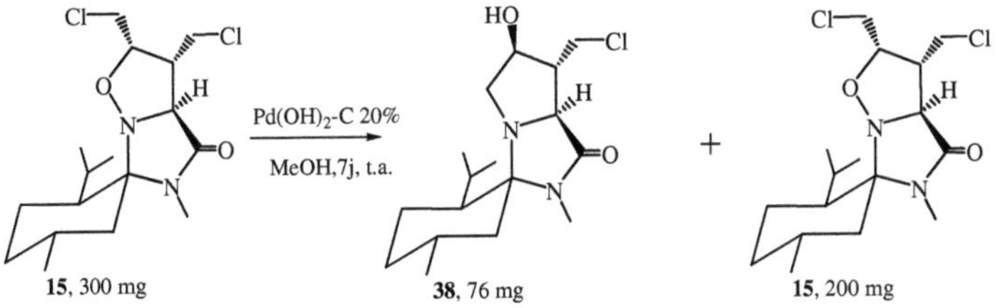

Schéma 17 : *Hydrogénolyse catalytique de 15*

Pour cela, nous avons tenté la réduction du composé **15a**, obtenu par cycloaddition de la nitrone **3a** avec le (Z)-1,4-dichlorobut-2-ène, en utilisant un large excès de SmI$_2$ (0,1 M dans le THF, Aldrich) ce qui a permis la transformation en 48 h du 1/3 du substrat engagé et la réduction d'un seul chlore en alpha du carbone C-4 du cycle isoxazolidinique pour donner le composé **39** sans avoir rompu la liaison N–O (Schéma 18).

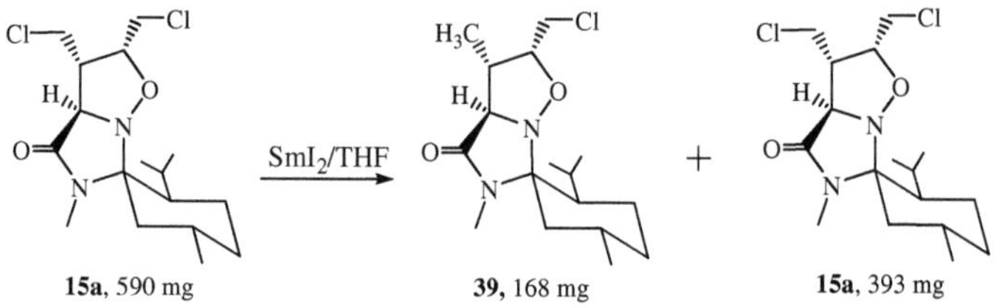

Schéma 18 : *Réduction de* **15a** *avec SmI$_2$*

VII. Synthèse de la (2S,3R,4R)-4-hydroxyisoleucine

Tenant compte des résultats obtenus auparavant, nous avons porté notre intérêt sur la synthèse de la 4-hydroxyisoleucine en contrôlant la configuration des différents centres chiraux. En effet, notre première idée était de tenter la cycloaddition 1,3-dipolaire de **3** en présence du (*E*)-but-2-ène dans le but d'obtenir deux diastéréoisomères séparables par chromatographie et dont l'un possède la stéréochimie (2S,3R,4S) désirée. Malheureusement cette réaction n'a pas été réalisée car l'oléfine en question est un gaz difficilement compatible avec une réaction au reflux du toluène. Il faudrait disposer d'un matériel sophistiqué, maîtriser les risques (inflammabilité, réactivité) qui, de toute façon, sont un obstacle sérieux dans la perspective d'une synthèse industrielle.

Pour vérifier si la cycloaddition du (*E*)-but-2-ène avec la nitrone **3** donnerait deux diastéréoisomères dont un conduirait à la (2S,3R,4S)-4-hydroxyisoleucine, nous avons effectué la cycloaddition de la nitrone **3** avec le (*E*)-hex-3-ène commercial et manipulable sans difficulté car liquide dans les conditions normales. Effectivement, la réaction a permis l'obtention de deux diastéréoisomères séparables par chromatographie **40** (58%) et **41** (37%) (Schéma 19). Ce dernier possède la bonne configuration (2S,3R,4S).

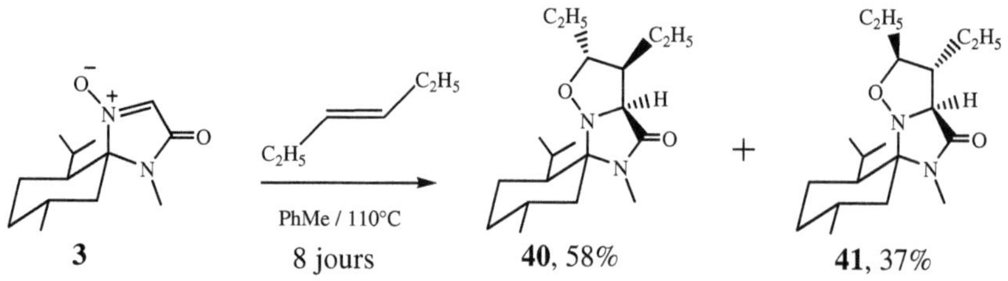

Schéma 19 : *Cycloaddition* **3**/(*E*)-hex-3-ène

Ce résultat permet de conclure que la cycloaddition avec le (*E*)-but-2-ène pourrait conduire après quelques aménagements fonctionnels à la (*2S,3R,4S*)-4-hydroxyisoleucine.

D'autre part, la cycloaddition 1,3-dipolaire du *trans*-crotonaldéhyde avec des nitrones achirales cycliques a été décrite dans la littérature.[22-23] Par exemple, la cycloaddition entre la nitrone 2,3,4,5-tétrahydropyridine-1-oxyde et le *trans*-crotonaldéhyde dans le dichlorométhane a conduit à la formation d'un cycloadduit diastéréomériquement pur[22] avec un rendement de 87% (Schéma 20).

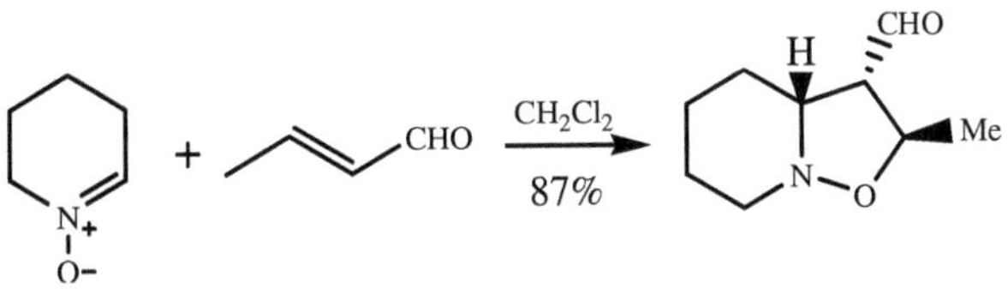

Schéma 20

En 2002,[23] la même réaction a été reprise par une autre équipe en présence d'un acide de Lewis à base de ruthénium pour donner la même isoxazolidine mais avec un rendement de 75% et un excès énantiomérique de 75% (Schéma 21).

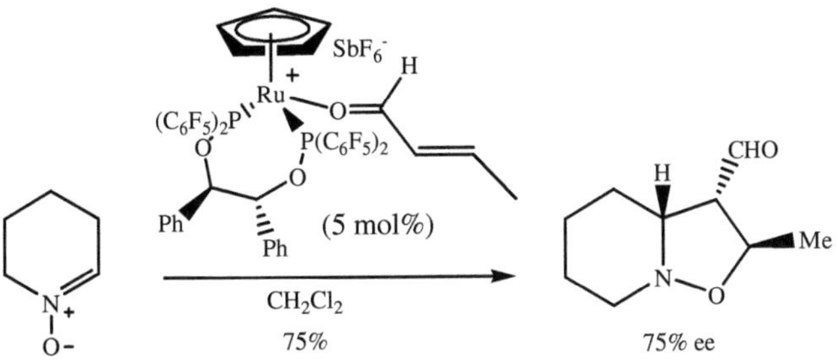

Schéma 21

MacMillan et coll.,[24] ont impliqué des nitrones acycliques simples dans des réactions de cycloaddition 1,3-dipolaire avec le crotonaldéhyde activé par la formation réversible d'ions iminium avec des imidazolidinones chirales. Cette réaction a été en faveur de l'isomère-*endo* (98%) avec un excès énantiomérique de 99%.

Dans ce contexte, nous avons employé le *trans*-crotonaldéhyde (Aldrich) dans une réaction de cycloaddition 1,3-dipolaire avec la nitrone cyclique chirale **3**, notamment pour la synthèse de la 4-hydroxyisoleucine.

La nitrone **3** et le *trans*-crotonaldéhyde (Aldrich, contient 6,5% de l'isomère *cis*) ont été engagé dans une réaction de cycloaddition 1,3-dipolaire. Après une semaine de reflux dans le toluène la CCM montre la disparition totale de **3** et la formation de deux cycloadduits principaux **42** et **43**. Ces deux derniers ont pu être séparés par chromatographie falsh, mais se dégradent rapidement dans CDCl$_3$ en donnant des spectres RMN ^{1}H complexes et des taches multiples en CCM. Ceci pourrait être expliqué par l'instabilité de **42** et **43** à cause de la présence de la fonction aldéhyde. Pour cela, les deux composés **42** et **43** ont été utilisés sans purification dans une réaction de réduction en présence de NaBH$_4$ dans l'eau pour donner principalement les deux isoxazolidines **44** (33%) et **45** (16%) séparables par chromatographie flash et stables (Schéma 22).[25]

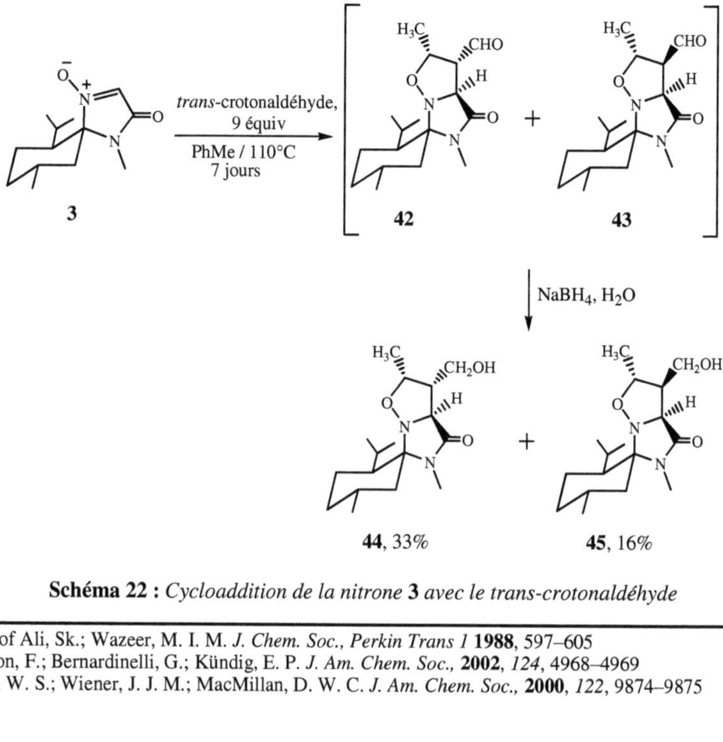

Schéma 22 : *Cycloaddition de la nitrone **3** avec le trans-crotonaldéhyde*

---

22. Asrof Ali, Sk.; Wazeer, M. I. M. *J. Chem. Soc., Perkin Trans 1* **1988**, 597–605
23. Viton, F.; Bernardinelli, G.; Kündig, E. P. *J. Am. Chem. Soc.,* **2002**, *124*, 4968–4969
24. Jen, W. S.; Wiener, J. J. M.; MacMillan, D. W. C. *J. Am. Chem. Soc.,* **2000**, *122*, 9874–9875

Dans le but de synthétiser la (2S,3R,4R)-4-hydroxyisoleucine, on a fait subir au dérivé **44** une réaction en présence d'iode, de triphénylphosphine et d'imidazole afin d'obtenir le composé **46**. Ce dernier subit une hydrogénation catalytique en présence de Pd(OH)$_2$-20% et de K$_2$CO$_3$ pour donner le produit **47**. Après coupure de la liaison N—O, l'élimination de l'auxiliaire chiral de l'isomère **49** permet la formation de la (2S,3R,4R)-4-hydroxyisoleucine **50** avec 65% de rendement (Schéma 23).[25]

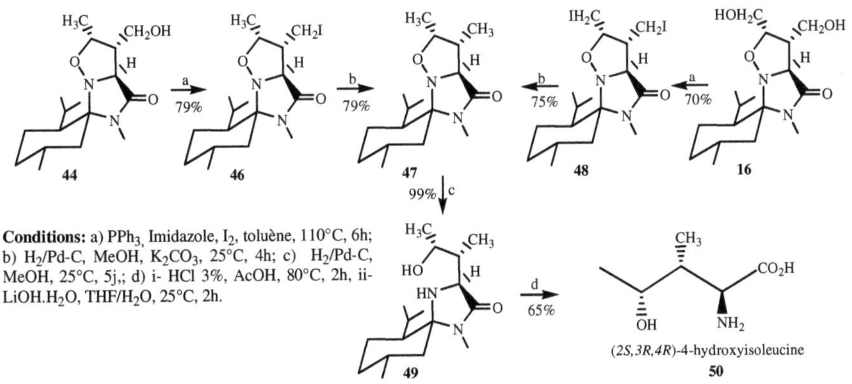

Conditions: a) PPh$_3$, Imidazole, I$_2$, toluène, 110°C, 6h; b) H$_2$/Pd-C, MeOH, K$_2$CO$_3$, 25°C, 4h; c) H$_2$/Pd-C, MeOH, 25°C, 5j,; d) i- HCl 3%, AcOH, 80°C, 2h, ii- LiOH.H$_2$O, THF/H$_2$O, 25°C, 2h.

Schéma 23 : *Synthèse de la (2S,3R,4R)-4-hydroxyisoleucine **50***

Le cycloadduit **44** a été aussi obtenu à partir de la cycloaddition de **3** avec le *(Z)*-but-2-èn-1-ol. Ce dernier a été préparé par hydrogénation du but-2-yn-1-ol en présence de catalyseur de Lindlar.[26] D'autre part, la diiodation du diol **16** permet d'obtenir l'intermédiaire **48** avec 70% de rendement. Enfin, soumis aux mêmes transformations que **46**, ce dernier donne la (2S,3R,4R)-4-hydroxyisoleucine **50** (Schéma 23).[25]

Il est à noter que nous avons mené la synthèse de la (2S,3S,4R)-4-hydroxyisoleucine jusqu'à son terme, selon la séquence réactionnelle illustrée dans le Schéma 24.[27]

---

25. K. Aouadi, E. Jeanneau, M. Msaddek, J.-P. Praly *Synthesis* **2007**, 3399–3405
26. (a) Hatch, L. F.; Nesbitt, S. S. *J. Am. Chem. Soc.*, **1950**, *72*, 727-730 (b) White, J. D.; Kim, T. S.; Nambu, M. *J. Am. Chem. Soc.*, **1995**, *117*, 5612-5613
27. K. Aouadi, E. Jeanneau, M. Msaddek, J.-P. Praly *Tetrahedron Lett.*, **2012**, *53*, 2817-2821

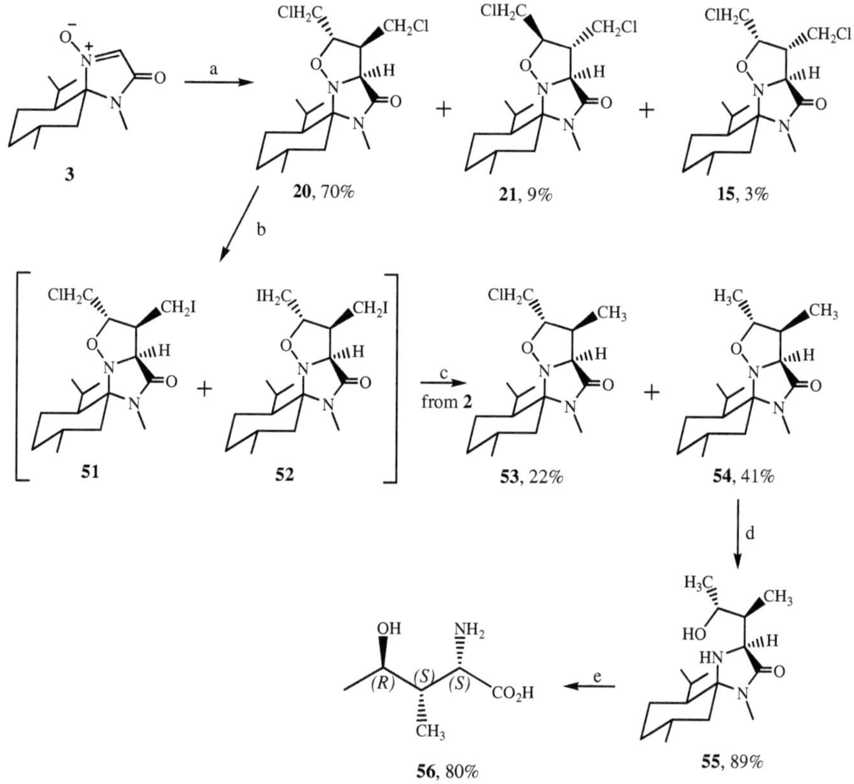

Schéma 24 : *Voie de synthèse vers la (2S,3S,4R)-4-hydroxyisoleucine. Réactifs et conditions* (a) *E*-1,4-dichloro-2-butène (*E/Z* ratio: 98:2, 3 équiv), toluène, 110°C, 7 jours; (b) NaI, acétone, reflux, 7 jours; (c) H$_2$ (1 atm), Pd(OH)$_2$, MeOH, K$_2$CO$_3$, t.a., 4h; (d) H$_2$ (1 atm), Pd(OH)$_2$, MeOH, t.a., 4 jours; (e) i– 3 N HCl, AcOH, 80°C, 2h; ii– LiOH•H$_2$O, THF-H$_2$O, t.a., 2h.

VIII. Conclusion

Cette étude comparative de cycloaddition 1,3-dipolaire montre que les nitrones **3** et **3a** réagissent facilement sur les alcènes-(Z) durant des temps de réaction inférieurs à 48 h. Avec les alcènes-(E) la réaction de cycloaddition est plus lente, la durée de la réaction approchant une semaine, même en présence d'un large excès d'oléfine.

La cycloaddition 1,3-dipolaire des nitrones **3** et **3a** sur les alcènes monosubstitués racémiques **7a-e** a conduit, selon une approche *exo* et avec création contrôlée de deux centres asymétriques, à la formation d'une série d'isoxazolidines épimères de configuration 6-(*R*) ou 6-(*S*). La comparaison du rapport épimérique observé montre un dédoublement cinétique partiel. L'un des énantiomères de l'alcène réagissant plus rapidement, soit pour des raisons d'ordre stérique soit en raison de possibes liaisons hydrogène.

La réduction catalytique des isoxazolidines avec ouverture a été possible en ajustant le temps de réaction, sauf dans le cas du cycloadduit chloré **15** converti à hauteur de 30% au mieux, et pour le cycloadduit bromé qui reste intact dans toutes les conditions testées. La réduction radicalaire du cycloadduit dichloré **20** est possible, donnant le produit attendu **35** mais avec épimérisation.

En conclusion, la cycloaddition 1,3-dipolaire des nitrones **3** et **3a** sur des alcènes mono- et disubstitués constitue une méthode permettant la synthèse stéréocontrôlée de la 4-hydroxyisoleucine et analogues.

Chapitre II :

Cycloaddition de la nitrone dérivée de la (-)-menthone sur des motifs allyliques: un accès rapide vers l'acide aminé S-glycoside et la 4(S)-4-hydroxy-L-ornithine

I. Introduction

Les acides aminés constituent les unités de base des peptides et des protéines. Ils peuvent être utilisés comme auxiliaires chiraux pour la synthèse totale de produits naturels ou en tant que ligands en catalyse asymétrique.[1] Malgré le fait que les peptides synthétiques soient de plus en plus employés comme agents thérapeutiques, leur utilisation comme médicaments reste modeste. Ceci s'explique notamment par leur dégradation rapide par les protéases présentes dans l'organisme ou encore leur élimination rapide par les reins. Face à ces limites, les acides aminés non naturels utilisés comme composants de peptides synthétiques présentent de multiples intérêts, tant en synthèse organique qu'en chimie bio-organique pour développer et optimiser de nouveaux médicaments. L'une des méthodes de synthèse employée est l'utilisation d'acides α-aminés commerciaux optiquement purs issus du « pool chiral » pour la préparation d'acides α-aminés non naturels[2] et beaucoup d'autres composés intéressants du point de vue synthétique et biologique.[3] D'autres méthodes ont été mises au point telles que l'alkylation des esters acétamidomaloniques,[4] l'addition d'ammoniac aux acides α,β-insaturés et la synthèse de Strecker.[5] Les acides α-aminés peuvent aussi être préparés à partir d'acides α-halogénés.[5]

Dans le cadre de notre participation dans des molécules de synthèse avec des applications potentielles dans le contexte du diabète de type 2 (DT2), nous avons développé au cours des dernières années des nouvelles approches vers la 4-hydroxyisoleucine et analogues (Figure 3).[6-10]

---

1. (a) Mao, J.; Guo, J.; *Chirality* **2010**, *22*, 173–181 ; (b) Pelagatti, P.; Carcelli, M.; Calbiani, F.; Cassi, C; Elviri, L.; Pelizzi, C; Rizzotti, U.; Rogolino, D., *Organometallics* **2005**, *24*, 5836–5844 ; (c) Zaitsev, A. B.; Adolfsson, H. *Org. Lett.* **2006**, *8*, 5129–5132.
2. Williams, R. M. In *Organic Chemistry Series*; Baldwin, J. E., Magnus, P. D., Eds.; Pergamon Press: New York, **1989**; Vol 7.
3. Coppola, G. M.; Schuster, H. F. *Asymmetric Synthesis. Construction of Chiral Molecules Usin Amino Acids*; John Wiley & Sons: New York, **1987**.
4. (a) Luzzio, F. A.; Duveau, D. Y.; Lepper, E. R.; Figg, W. D. *J. Org. Chem.,* **2005**, *70*, 10117–10120 ; (b) Wang, H. P.; Hwang, T. L.; Lee, O.; Tseng, Y. J.; Shu, C. Y.; Lee, S. J. *Bioorg. Med. Chem. Lett.,* **2005**, *15*, 4272–4274.
5. Block, R. J. *Chem. Rev.*, **1946**, *38*, 501–571.
6. Aouadi, K.; Jeanneau, E.; Msaddek, M.; Praly, J.-P. *Synthesis* **2007**, 3399–3405.
7. Aouadi, K.; Vidal, S.; Msaddek, M.; Praly, J.-P. *Synlett* **2006**, 3299–3303.
8. Aouadi, K.; Jeanneau, E.; Msaddek, M.; Praly, J.-P. *Tetrahedron Asym.* **2008**, *19*, 1145–1152.
9. Aouadi, K.; Lajoix, A.-D.; Gross, R.; Praly, J.-P. *Eur. J. Org. Chem.* **2009**, 61–71.

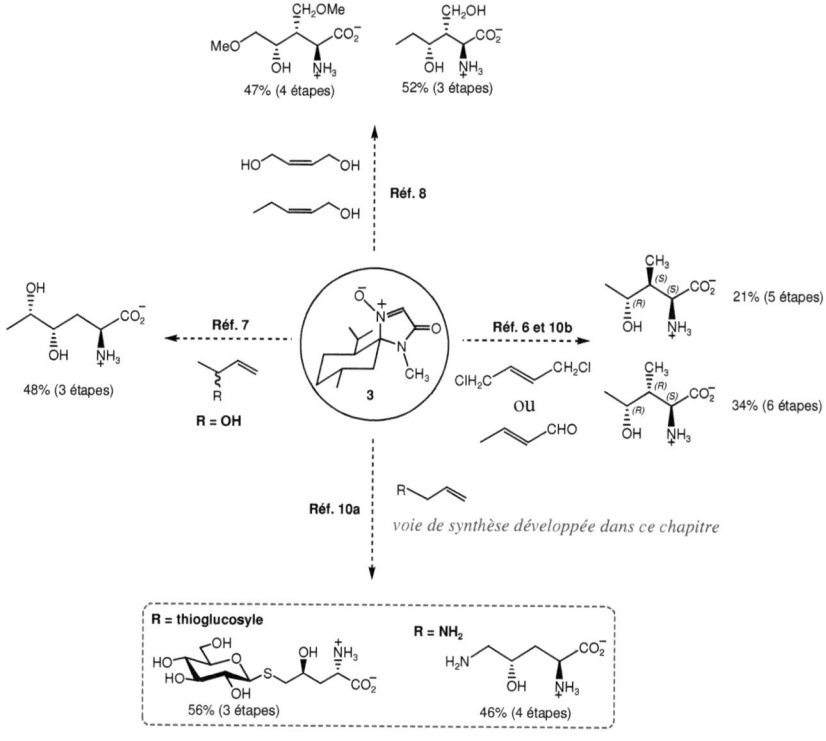

Figure 3. *Synthèse des acides aminés à partir de la nitrone* **3**

La 4-hydroxyisoleucine[11] est un aminoacide naturel identifié comme agent hypoglycémiant, extrait de la graine de Fenugrec (*Trigonella foenum-graecum*), légumineuse méditerranéenne maintenant répandue jusqu'à la Chine. Nous citons à titre d'exemple la synthèse stéréocontrôlée de la (2*S*,3*R*,4*R*)-4-hydroxyisoleucine par cycloaddition 1,3-dipolaire (CA) de la nitrone **3**[12] dérivée de la (–)-menthone sur le (*E*/*Z*)-crotonaldéhyde et le *Z*-but-2-ène-1,4-diol.[6]

---

10. (a) Aouadi, K.; Jeanneau, E.; Msaddek, M.; Praly, J.-P. *Tetrahedron* **2012**, *68*, 1762–1768 ; (b) K. Aouadi, E. Jeanneau, M. Msaddek, J.-P. Praly, *Tetrahedron Lett.* **2012**, *53*, 2817–2821.
11. (a) Billaud, C.; Adrian, J. *Médecine et Nutrition* **2001**, *37*, 59 ; (b) Billaud, C.; Adrian, J. *Sciences des Aliments* **2001**, *21*, 3–26 ; (c) Hardman R.; Abu-Al-Futuh, I. M. *Planta Medica* **1979**, *36*, 79–84.

La même stratégie a été utilisée dans la synthèse des analogues de la 4-hydroxyisoleune via une CA des nitrones dérivées de la (–) et (+)-menthone sur divers alcènes.[8] La préparation d'acides α-aminés non naturels a aussi été étudiée dans une approche multi-étapes utilisant le concept de « pool chiral » à partir du 1,2;5,6-di-O-isopropylidène-β-D-glucofuranose.[9]

Le développement de nouvelles méthodes de synthèse d'acides aminés non naturels reste donc un objectif important en chimie organique. Ces nouvelles méthodologies de synthèse permettront d'élargir les familles d'acides aminés disponibles pour une meilleure compréhension des phénomènes biologiques importants et la conception d'oligopeptides ou de peptidomimétiques à visée thérapeutique.[13]

Dans ce chapitre nous présentons la synthèse de nouveaux composés à base des glycosides présentant des groupes hydroxyle et amino basée sur la CA de la nitrone **3** sur des N,O,S-allyl glycosides.[10a] Nous décrivons aussi une nouvelle voie de synthèse rapide vers la 4(S)-4-hydroxy-L-ornithine.[10a]

II. Préparation des N,O,S- allyl glycosides

Dans un premier temps, nous avons préparé une série d'allyl glycosides pour vérifier ce qui pourrait résister à des traitements hydrolytiques appliquées après la CA et les étapes de clivage réducteur. Les substrats présentent différentes liaisons glycosidiques et configurations anomériques ont été préparés par application des procédures publiées (Figure 4).[14-17]

---

12. (a) Westermann, B.; Walter, A.; Flörke, U.; Altenbach, H.-J. *Org. Lett.*, **2001**, *3*, 1375–1378 ; (b) Vogt, A.; Altenbach, H.-J.; Kirschbaum, M.; Hahn, M. G.; Matthäus, M. S. P.; Hermann, A. R. EP 976721, 2000; *Chem. Abstr.*, **2000**, *132*, 108296.
13. Nielsen, P. *Pseudo-peptides in drug discovery*; Wiley-VCH: Weinheim, **2004**.
14. Nishida, Y.; Mizuno, A.; Kato, H.; Yashiro, M.; Ohtake, T.; Kobayashi, K. *Chem. Biodiversity* **2004**, *1*, 1452–1464.
15. (a) Wolfenden, M. L.; Cloninger, M. J. *J. Am. Chem. Soc.* **2005**, *127*, 12168–12169 ; (b) Pastore, A.; Adinolfi, M.; Iadonisi, A. *Eur. J. Org. Chem.* **2008**, 6206–6212.
16. Carrière, D.; Meunier, S. J.; Tropper, F. D.; Cao, S.; Roy, R. *J. Mol. Catal. A: Chem.* **2000**, *154*, 9–22.
17. Spevak, W.; Dasgupta, F.; Hobbs, C. J.; Nagy, J. O. *J. Org. Chem.* **1996**, *61*, 3417–3422.
18. Bochkov, A. F.; Zaikov, G. E. *Chemistry of the O-glycosidic bond: formation and cleavage*; Pergamon Press, **1979**.
19. Altenbach, H.-J.; Kottenhahn, M.; Vogt, A.; Matthäus, M.; Grundler, A.; Hahn, M. DE 19533617 A1, **1997** et USP6018050, **2000**.
20. Ravindranathan Kartha, K. P.; Aloui, M.; Field, R. A. *Tetrahedron Lett.* **1996**, *37*, 8807–8810.

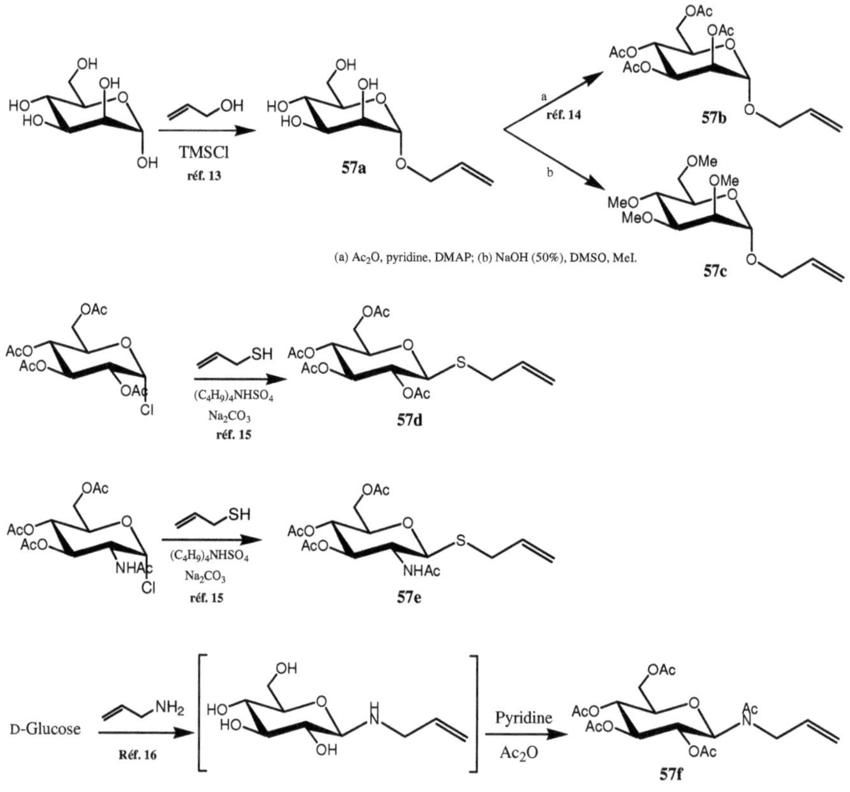

Figure 4. *Synthèse des allyl glycosides* **57a-f**

Les *O*-allyl-α-D-mannopyranosides **57a**,[14] **57b**[15] et **57c** ont été obtenus à partir de D-mannose et l'alcool allylique lors d'un chauffage en présence de TMSCl,[14] suivi par une acétylation ou une méthylation. Le chlorure de 2,3,4,6-tétra-*O*-acétyl-α-D-glucopyranosyle réagit avec l'allyl mercaptan dans l'acétate d'éthyle (AcOEt) pour donner, suite à une catalyse par transfert de phase, le *S*-allyl-β-D-glucopyranoside **57d**.[16] Cette même réaction a été reprise pour la synthèse du dipolarophile **57e**.[16] Le *N*-acétyl-*N*-allyl-β-D-glucopyranoside (ou *N*-(2,3,4,6-tétra-*O*-acétyl-β-D-glucopyranosyl)-3-acétamido-1-ène) **57f**[17] a été préparé à partir du D-glucose par réaction avec l'allyl amine suivie d'une acétylation (Figure 4).

III. Synthèse de l'acide α-aminé S-glycoside 61

La cycloaddition 1,3-dipolaire de la nitrone chirale **3** avec les allyl glycosides **57a-e** à reflux de toluène conduit aux isoxazolidines correspondantes **58a-e** sous la forme d'un seul régioisomère et avec de bon rendement (Schéma 7). L'hydrogénolyse de la liaison N–O des différents cycloadduits en présence de Pd(OH)$_2$/C (20%) sous pression atmosphérique donne les imidazolidinones **60a-e** avec des rendements compris entre 70 et 90%. Cependant, lorsque les différentes imidazolidinones sont soumises aux conditions d'hydrolyse (HCl (3N)/AcOH, suivie d'une hydrolyse basique LiOH.H$_2$O), seul le composé **60d** était suffisamment stable pour permettre le clivage de l'auxiliaire chiral, sans affecter la liaison glycosidique, conduisant à l'acide aminé S-glycoside **61** avec 78% de rendement (Schéma 7). Dans les autres cas, nous avons enregistré la perte du produit.

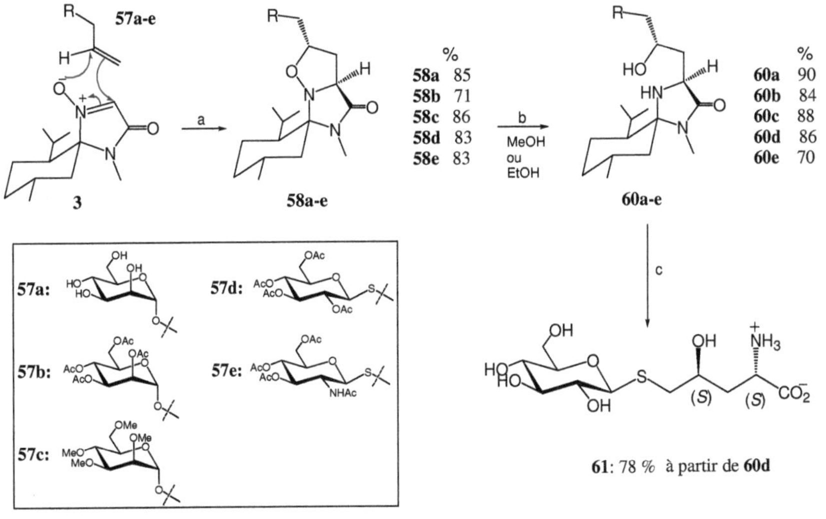

Réactifs et conditions (a) 8a-f, toluène, 110°C; (b) H$_2$ (1 atm), Pd(OH)$_2$/C (20%), MeOH ou EtOH, 25°C; (c) i- HCl (3N), AcOH, 80°C, 2h; ii- LiOH.H$_2$O, THF/H$_2$O, 25°C, 2h.

Schéma 7. *Synthèse de l'acide α-aminé S-glycoside* **61**.

---

21. Mizusaki, K.; Makisumi, S. *Bull. Chem. Soc. Jpn.* **1981**, *54*, 470–472.

IV. Synthèse de la 4(S)-4-hydroxy-L-ornithine 63

Dans le cas du dipolarophile **57f**, la CA avec la nitrone **3** a conduit aux cycloadduits **58f** et **59**. L'isoxazolidine **59** a été identifiée comme produit principal (60%), dans lequel l'absence de la fraction sucre résulte du clivage de la liaison *N*-glycosidique (Schéma 8). La labilité des glycosylamines à cause de leur hydrolyse facile dans des solutions aqueuses neutres ou légèrement acides est bien connue, tandis que leur acétylation a été signalée pour obtenir des produits stables.[17] Cependant, **57f** semble être un composé peu stable comme le montre son noircissement en quelques heures à température ambiante, ou lorsqu'il est conservé à ~ 4°C. Enfin, nous avons conclu que le clivage de la liaison *N*-glycosidique de l'isoxazolidine **58f** est probablement dû au chauffage à 110°C pendant 3 jours. Par contre, on ne peut pas prouver si la coupure de la liaison *N*-glycosidique s'est produite avant la CA ou après. Par conséquent, la CA entre la nitrone **3** et l'allyl amine suivie par une *N*-acétylation, sans purification intermédiaire de l'amine, conduit au composé **59** avec un rendement de 66% sur deux étapes (Schéma 8).

L'hydrogénation catalytique de l'isoxazolidine **59** permet la coupure de la liaison N–O du cycle isoxazolidinique. L'imidazolidinone **62** ainsi formée subit les mêmes transformations que **60d** pour donner la 4(*S*)-4-hydroxy-L-ornithine **63** avec 76% de rendement (Schéma 8).

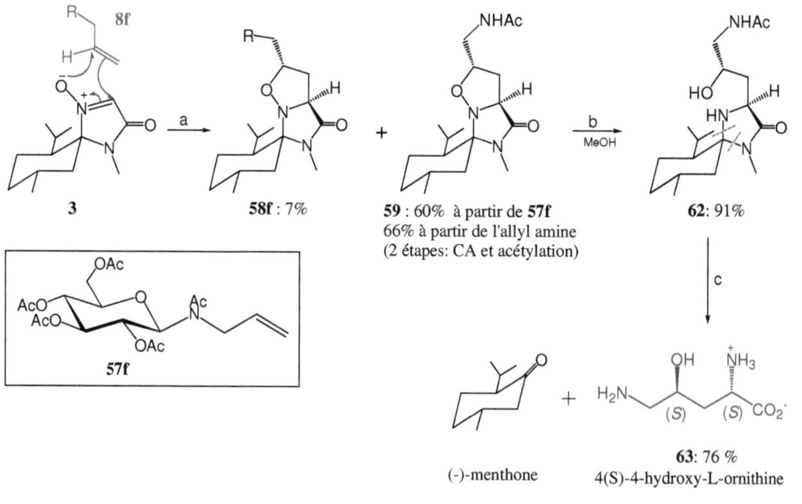

Réactifs et conditions (a) 57f, toluène, 110°C; (b) H$_2$ (1 atm), Pd(OH)$_2$/C (20%), MeOH, 25°C; (c) i- HCl (3N), AcOH, 80°C, 2h; ii- LiOH.H$_2$O, THF/H$_2$O, 25°C, 2h.

Schéma 8. *Synthèse de la 4(S)-4-hydroxy-L-ornithine* **63**

La dégradation des composés **60a-c** et **60e** lors de l'hydrolyse acide pourrait être expliquée par la fragilité de la liaison glycosidique. En effet, cette sensibilité est notamment due au fait que lorsque le carbone anomérique est attaché à un hétéroatome comme l'oxygène ou l'azote, il permet respectivement la formation d'un acétal et d'un aménal. Ces glycosides disposent alors d'une fonction chimique fragile à l'hydrolyse (Schéma 9).[18]

- Première étape: protonation de l'oxygène, formation d'une entité pyranoxonium et libération du résidu aglycone (R).
- Deuxième étape: l'ion formé, de conformation 1/2 chaise, subit une attaque nucléophile par H_2O.

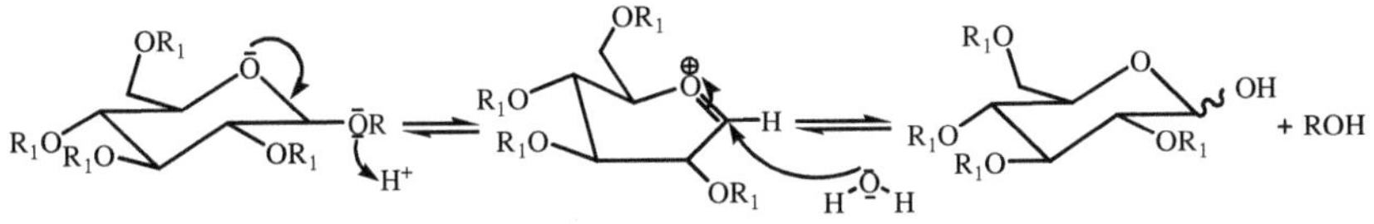

Schéma 9. *Hydrolyse de la liaison O-glycoside*

V. Tentative de synthèse des acides aminés *O*-glycosylés.

Dans le paragraphe précédent, nous avons noté que la liaison *O*-glycosidique dans les composés **60a-c** et **60e** s'est avérée fragile lors de l'hydrolyse acide. Pour cela, nous avons envisagé de mettre au point une autre voie de synthèse vers des acides aminés *O*-glycosylés. Cette approche débute par une CA entre la nitrone **3** et l'alcool allylique à reflux de toluène pour donner l'isoxazolidine **64**.[19] Cette dernière subit la coupure de l'auxiliaire chiral en présence d'un mélange d'acide acétique, anhydride acétique et quelques gouttes d'acide sulfurique concentré pour fournir, à la suite d'une réaction monotope (coupure de l'auxiliaire chiral, *O*- et *N*-acétylation), l'intermédiaire **65** avec 33% de rendement.

La *O*-désacétylation du composé **65** a conduit quantitativement à l'alcool **66**, qui a été trouvé soluble uniquement dans les solvants polaires tels que le MeOH, le DMF, le DMSO, mais insoluble dans une variété de solvants usuels (Et_2O, CH_2Cl_2, $CHCl_3$, AcOEt, CH_3CN et acétone), une caractéristique couramment observée pour les structures présentant des groupes amides.

La réaction de glycosylation implique le couplage d'un donneur de glycosyle (un sucre) à un accepteur de glycosyle pour former un glycoside. Pour cela, le composé **66** a été engagé dans une réaction de glycosylation[20] en présence de bromure 2,3,4,6-tétra-*O*-acétyl-α-D-galactopyranosyl, de l'iode, de DDQ, et des tamis moléculaires en tant que système d'activation léger, mais plusieurs essais ont été menés sans succès. Cet échec pourrait être expliqué par l'insolubilité de l'accepteur de glycosyle **66** dans les solvants usuels. Comme ces problèmes de solubilité sont apparus préjudiciables pour la glycosylation dans d'autres conditions, cette voie a été abandonnée (Schéma 10).

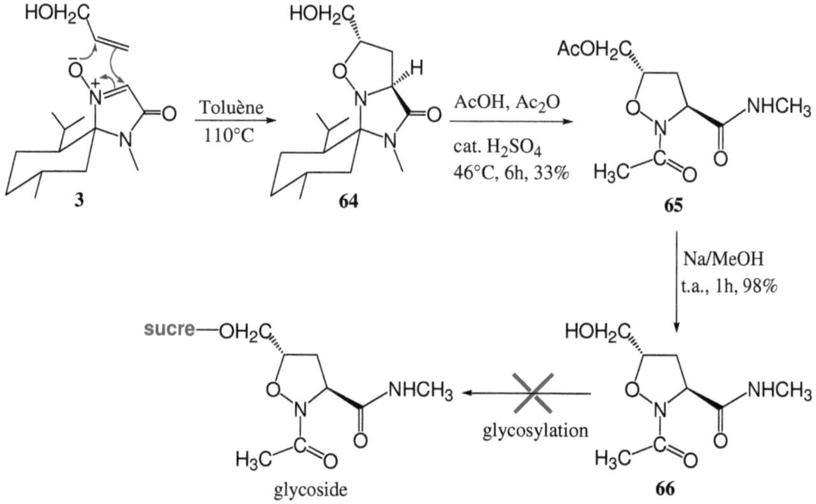

Schéma 10: *Synthèse de l'isoxazolidine hydroxylée* **66**

L'acide (2*S*,4*S*)-2,5-diamino-4-hydroxypentanoïque (ou L-thréo-γ-hydroxy-ornithine ou (4*S*)-4-hydroxy-L-ornithine ou (2*S*,4*S*)-4-hydroxy-ornithine) **63** (Figure 5) a été obtenu à partir de l'allyl amine avec un rendement global de 46% sur 3 étapes. Cette nouvelle approche stéréocontrôlée se compare très favorablement avec ceux rapportées antérieurement,[21] car elles conduisent généralement à des mélanges d'isomères.

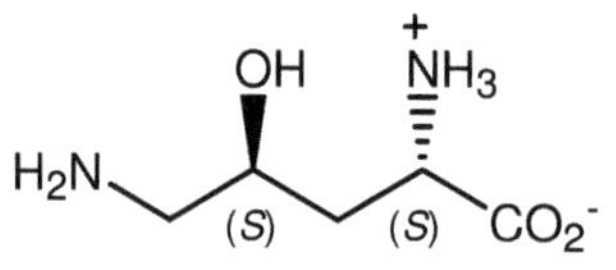

63

Figure 5. *Structure de la (4S)-4-hydroxy-L-ornithine*

En se basant sur nos travaux antérieurs[6-8,10] et sur les analyses RMN, nous avons pu attribuer la configuration *S* pour les carbones 2 et 4 de la (4*S*)-4-hydroxy-L-ornithine. Le pouvoir rotatoire mesuré pour l'acide aminé **63** ($[\alpha]_D^{22} = -2,3$ (c 1, H_2O)) est en étroit accord avec les valeurs trouvées dans la littérature {$[\alpha]_D^{20} = -6,3$ et $[\alpha]_D^{21} = -7,0$ (c 2, H_2O) pour **63** sous forme de sel de chlorhydrate}. Les rotations optiques mesurées pour les autres isomères sous forme de sels de chlorhydrates sont les suivants : (2S,4R)-4-hydroxy-ornithine : $[\alpha]_D^{20} = 9,4$ et $[\alpha]_D^{21} = 10,5$ (c 2, H_2O), (2R,4S)-4-hydroxy-ornithine : $[\alpha]_D^{20} = -9,8$ (c 2, H_2O), (2R,4R)-4-hydroxy-ornithine : $[\alpha]_D^{20} = 6,4$ (c 2, H_2O).[21]

VI. Conclusion

La CA de la nitrone dérivée de la (–)-menthone avec différents allyl O- et S-glucosides permet l'obtention des cycloadduits correspondants avec de bons rendements. Dans le cas de l'allyl N-glycoside N-acétylé, un produit à base de N-glycoside a été formé avec un faible rendement. Tandis que, dans le produit majoritaire **59** la fraction sucre est absente à cause de la coupure de la liaison N-glycosidique sous les conditions de la CA. Ce composé **59** a été également obtenu à partir de l'allyl amine par CA suivie d'une acétylation.

Au cours du présent chapitre nous avons présenté la synthèse de l'acide aminé S-glycoside à partir de la cycloaddition 1,3-dipolaire de la nitrone chirale dérivée de la (–)-menthone sur l'allyl S-glycoside. Le rendement global de cette synthèse est de 56% en 4 étapes à partir de la nitrone.

La 4(S)-hydroxy-L-ornithine a également été obtenue par synthèse organique, à partir de la cycloaddition 1,3-dipolaire de la nitrone dérivée de la (–)-menthone sur l'allyl amine, en 5 étapes avec un rendement global de 46%.

Les résultats obtenus dans ce chapitre et ceux rapportés dans la littérature ont montré que la résistance des liaisons glycosidiques à l'hydrolyse acide augmente en fonction de l'atome glycosidique, selon la séquence : N < O < S << C.

Une tentative de synthèse de l'acide aminé O-glycoside énantiopur a échoué, probablement à cause de la faible solubilité de l'accepteur de glycosyle.

Chapitre III :

Synthèse des α-amino-acides cycliques énantiopurs via la cycloaddition 1,3-dipolaire

I. Introduction

Un grand nombre d'acides aminés non-protéinogènes sont des cibles attractives pour les industriels : la L-Dopa est employée pour adoucir certains symptômes de la maladie de Parkinson.[1] La D-pénicillamine[2] est utilisée pour traiter la polyarthrite. Les D-phénylglycine[3] et D-4-hydroxyphénylglycine[3] se retrouvent dans les antibiotiques semi-synthétiques à large spectre comme l'ampicilline et l'amoxicilline. L'acide kaïnique, un acide aminé à base de pyrrolidine, est utilisé pour le traitement de l'épilepsie.[4-5] La 4-hydroxyisoleucine, identifiée comme agent hypoglycémiant naturel issu du *Fenugrec*, est appliquée dans le traitement du diabète de type 2.[6] Bien que les aminoacides naturels soient obtenus essentiellement par fermentation ou par modifications enzymatiques des protéines, leurs analogues non naturels peuvent être obtenus avec des méthodes basées sur la synthèse asymétrique,[7] la catalyse chimique,[8] ou la biocatalyse.[9] Le développement de nouvelles méthodes de synthèse d'acides aminés non naturels reste donc un objectif important en chimie organique. Ces nouvelles méthodologies de synthèse permettront d'élargir les familles d'acides aminés disponibles pour une meilleure compréhension des phénomènes biologiques importants.

La synthèse des α-aminoacides cycliques a été largement étudiée dans la littérature. Par exemple, Miller et coll.[10-11] ont rapporté la synthèse de la polyoxine carbocyclique C et son épimère R sous forme racémique, de manière efficace à partir du cis-4-(*N*-tert-butylcarbamoyl)cyclopent-2-èn-1-ol (Schéma 20).

---

1. A. W. Loranger, J.E. Lee, F. McDowell, *Arch. Gen. Psychiatry.* **1972**, *26*, 163-168.
2. (a) S. Brem, S. A. Grossman, A. Carson, P. New, S. Phuphanich, J. B. Alavi, T. Mikkelsen, J. D. Fisher, *Neuro. Oncol.*, **2005**, *7*, 246-253; (b) J.G. Brewer, *Drug. Dis. Today*, **2005**, *10*, 1103-1109; (c) J.M. Walsh, *Am. J. Med.*, **1956**, *21*, 487-495.
3. (a) A. Louwrier, C. J. Knowles, *Enzym. Microb. Techn.*, **1996**, *19*, 562-571; (b) D. C. Lee, S. G. Lee, H. S. Kim, *Enzym. Microb. Techn.*, **1996**, *18*, 35-40.
4. (a) C. I. Stathakis, E.G. Yioti, J. K. Gallos, *Eur. J. Org. Chem.* **2012**, 4661–4673 ; (b) M. A. Lowe, M. Ostovar, S. Ferrini, C. Chun Chen, P. G. Lawrence, F. Fontana, A. A. Calabrese, V. K. Aggarwal, *Angew. Chem. Int. Ed.* **2011**, *50*, 6370–6374 ; (c) P. A. Evans, P. A. Inglesby, *J. Am. Chem. Soc.* **2012**, *134*, 3635–3638 ; (d) N. Kesava Reddy, S. Chandrasekhar, *J. Org. Chem.* **2013**, *78*, 3355−3360.
5. J.-F. Poisson, A. Orellana, A. E. Greene, *J. Org. Chem.* **2005**, *70*, 10860–10863.
6. Iminosugars: From Synthesis to Therapeutic Applications (Eds.: P. Compain, O. R. Martin), Wiley-VCH, Weinheim, **2007**.
7. R. O. Duthaler, *Tetrahedron* **1994**, *50*, 1539-1650.
8. (a) M. J. Burk, *Accounts Chem. Res.* **2000**, *33*, 363-372; (b) R. Noyori, T. Ohkuma, *Angew. Chem. Int. Ed.* **2001**, *40*, 40-73; (c) G. C. Barrett, *Resolution of amino acids. In Chemistry and Biochemistry of the Amino Acids* Chapman and Hal, London, **1985**, 338-353.
9. D. I. Kato, K. Miyamoto, H. Ohta, *Biocatal. Biotransform.* **2005**, *23*, 375-379.

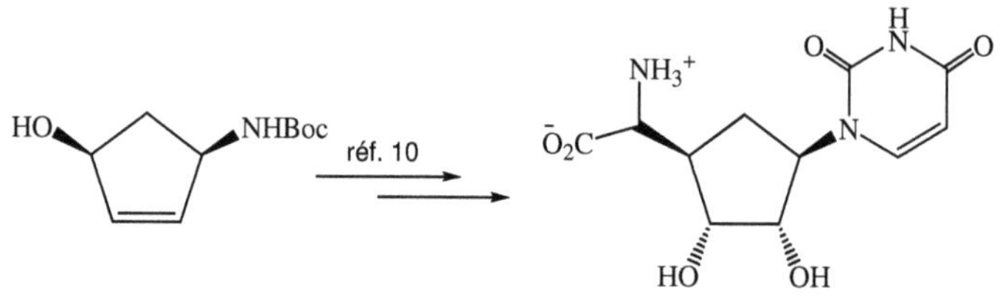

Schéma 20.

La première synthèse totale stéréospécifique de l'analogue de l'uracile polyoxine carbocyclique C a été rapportée par Aggarwal.[12] Une stratégie basée sur une substitution nucléophile catalysée par le palladium d'une lactone insaturée (Schéma 21).

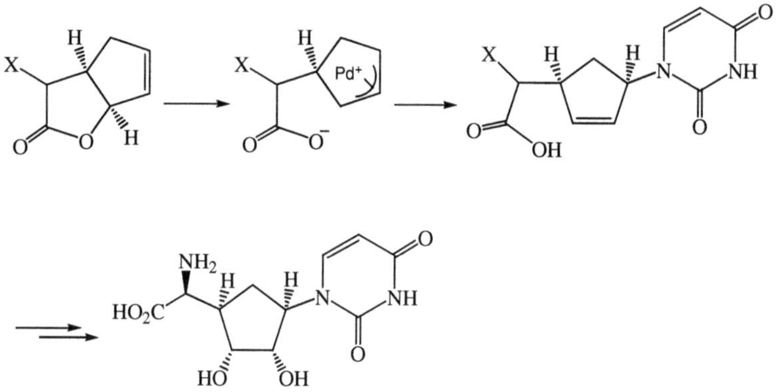

Schéma 21.

Katagiri et coll.[13-14] ont mis au point un procédé de synthèse utilisant des spiro-nitrones, préparées à partir de la (−)-menthone et d'un nitrosoalcène, et leurs réactions de cycloaddition 1,3-dipolaire avec divers alcènes conduisant à des acides aminés naturels non cycliques.

La même méthodologie a été appliquée pour la synthèse de l'α-cyclopentyl-α-aminoacide énantiopur avec de bon rendement (Schéma 22).[15]

---

10. D. Zhang, M. J. Miller, *J. Org. Chem.* **1998**, *63*, 755-759.
11. F. Li, J. B. Brogan, J. L. Gage, D. Zhang, M. J. Miller, *J. Org. Chem.* **2004**, *69*, 4538-4540.
12. V. K. Aggarwal, N. Monteiro, G. J. Tarver, S. D. Lindell, *J. Org. Chem.* **1996**, *61*, 1192-1193.
13. N. Katagiri, M. Okada, Y. Morishita, C. Kaneko, *Chem. Commun.* **1996**, 2137-2138.
14. N. Katagiri, M. Okada, Y. Morishita, C. Kaneko, *Tetrahedron* **1997**, *53*, 5725-5746.

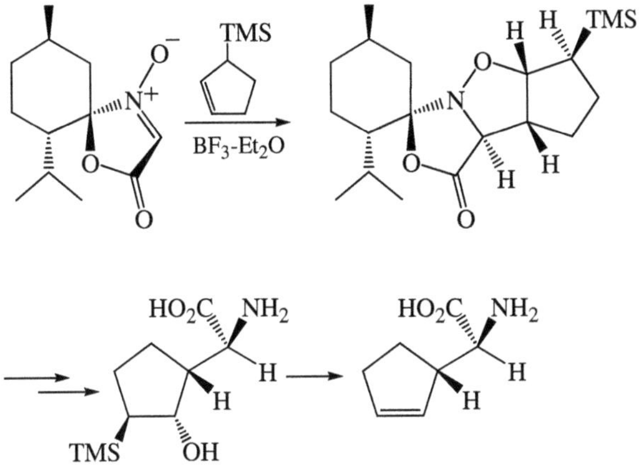

Schéma 22. *Synthèse de la (2S,1'S)-cyclopentènylglycine*

    Plusieurs études récentes ont montré que les acides aminés cycliques présentent un large éventail de propriétés biologiques très intéressantes, y compris la prévention et le traitement de troubles du métabolisme des lipides et de l'obésité,[16] le traitement de la douleur neuropathique[17] et le traitement du diabète.[18-19] A la lumière de ces observations encourageantes et compte tenu des résultats obtenus précédemment,[20] nous décrivons dans ce chapitre la synthèse d'une nouvelle série d'acides aminés cycliques non naturels énantiomériquement purs, selon deux approches différentes basées sur la réaction de cycloaddition 1,3-dipolaire entre des alcènes cycliques et une nitrone dérivée de la (−)-menthone.

---

15. N. Katagiri, H. Sato, A. Kurimoto, M. Okada, A. Yamada and C. Kaneko, *J. Org. Chem.* **1994**, *59*, 8101-8106.
16. L. Jette, P. McNicol, M. Gill and A. Marette, **2007**, WO2007107008A1
17. X. Kong, N. Levens, S. Lamothe, M. Atfani, S. Ciblat, L. Jette, **2010**, WO2010127439A1
18. C. Mioskowski, S. D. L. Marin, M. Maruani, M. Gill, **2006**, US20060199853A1
19. (a) L. Jette, L. Harvey, K. Eugeni, N. Levens, *Curr. Opin. Invest. Drugs* **2009**, *10*, 353-358; (b) M. R. Haeri, H. K. Limaki, C. J. B. White, K. N. White, *Phytomedicine* **2012**, *19*, 571-574.
20. (a) K. Aouadi, E. Jeanneau, M. Msaddek, J.-P. Praly, *Synthesis* **2007**, 3399–3405; (b) K. Aouadi, E. Jeanneau, M. Msaddek, J.-P. Praly, *Tetrahedron Asymm.* **2008**, *19*, 1145–1152; (c) K. Aouadi, E. Jeanneau, M. Msaddek, J.-P. Praly, *Tetrahedron Lett.* **2012**, *53*, 2817–2821; (d) K. Aouadi, M. Msaddek, J.-P. Praly, *Tetrahedron* **2012**, *68*, 1762–1768; (e) K. Aouadi, S. Vidal, M. Msaddek, J.-P. Praly, *Tetrahedron Lett.* **2013**, *54*, 1967–1971; (f) K. Aouadi, J. Abdoul-Zabar, M. Msaddek, J.-P. Praly, *Eur. J. Org. Chem.* **2014**, 4107–4114.

II. Stratégie de synthèse

Dans cette partie nous présentons la synthèse d'une série d'α-cycloalkyl-α-aminoacides dont la chaîne latérale est composé d'un cycloalcane hydroxylé et avec la création stéréocontrôlée de trois centres asymétriques contigus. La synthèse se déroule via une cycloaddition 1,3-dipolaire d'une nitrone dérivée de la (–)-menthone et divers cycloalcènes. Les deux approches envisagées sont récapitulées au schéma 23. La voie A comporte 4 étapes : (1) le clivage de la (–)-menthone dans des conditions acides, (2) la *N*-déacétylation en utilisant une solution de chlorure de thionyle dans du méthanol anhydre, (3) la réduction de la liaison N-O et (4) l'hydrolyse du *N*-méthylamide en un acide carboxylique.

La voie B, est une méthode plus courte et efficace qui passe par la formation de l'aminolactone, qui est ensuite hydrolysée par une solution d'hydroxyde de sodium pour donner l'acide aminé correspondant (Schéma 23).

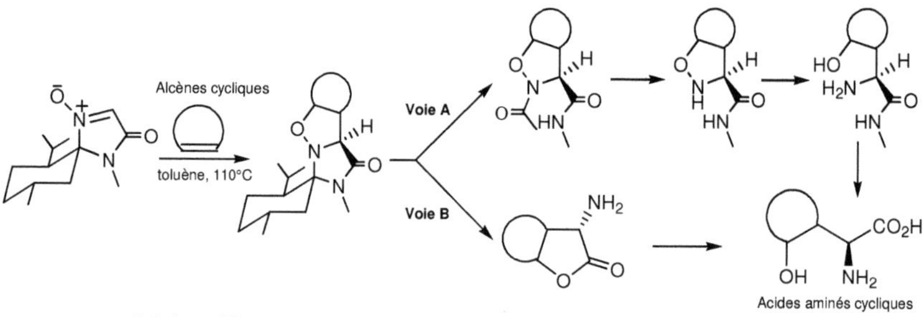

Schéma 23. *Nouvelles approches vers des acides aminés cycliques*

III. Résultats et discussions

La cycloaddition 1,3-dipolaire des alcènes cycliques **67a-d** avec la nitrone chirale **1** conduit aux cycloadduits **68a-d** correspondants, avec des rendements élevés (> 80%). La nitrone chirale **3** réagit avec la cyclohex-2-énone **67e** pour donner un seul régioisomère **68e** avec un rendement de 80%. Les cycloadduits **68b-c,e** ont été soumis à une hydrolyse acide à l'aide d'un mélange d'acide acétique et d'anhydride acétique en présence d'une quantité catalytique d'acide sulfurique.

Ce protocole monotope (coupure de l'auxiliaire chiral et la *N*-acétylation) a permis d'isoler les isoxazolidines correspondantes **69b-c,e** avec des rendements allant de 43 à 63% (Schéma 24). La *N*-déacétylation des composés **69b-c** a été effectuée en utilisant une solution de chlorure de thionyle dans du méthanol anhydre pour donner les isoxazolidines **70b-c**. La coupure réductrice de la liaison N–O de l'isoxazolidine **70c** s'effectue sous atmosphère d'hydrogène en présence de Pd(OH)$_2$/C pour donner le 1,3-amino-alcool **71c** avec un rendement de 91%. Enfin, l'hydrolyse basique de ce dernier en présence de LiOH·H$_2$O a fourni l'acide aminé cyclique **72c** avec 52% de rendement (Schéma 24).

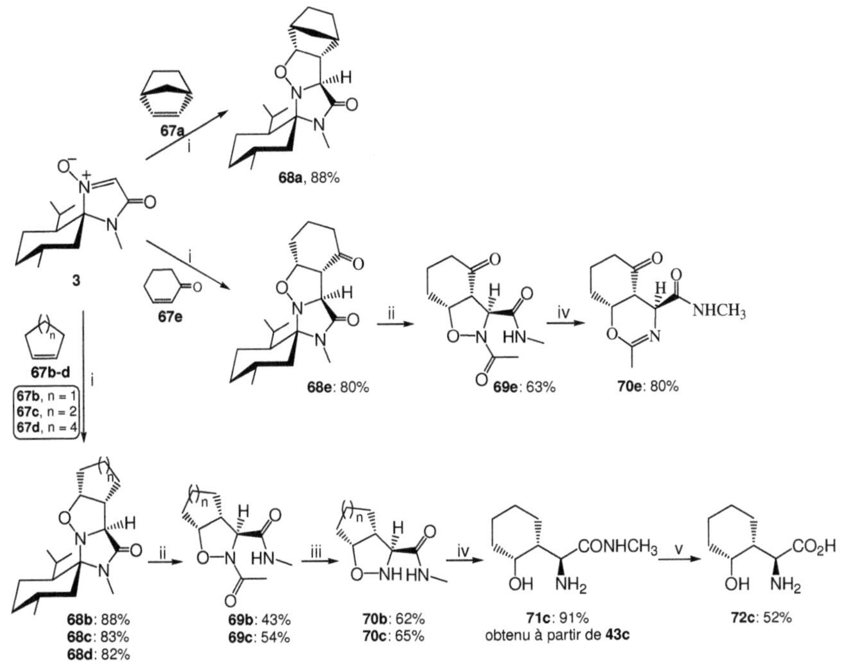

Schéma 24. *Synthèse des acides aminés cycliques. Réactifs et conditions*: (i) Toluène, 110°C; (ii) AcOH, Ac$_2$O, cat. H$_2$SO$_4$, 46°C, 6h; (iii) SOCl$_2$, MeOH, 70°C, 30 min.; (iv) H$_2$ (1 atm), Pd(OH)$_2$/C (20%), MeOH, t.a.; (v) LiOH.H$_2$O, THF/H$_2$O, t.a., 2h.

Une tentative de coupure réductrice de la liaison N–O sous atmosphère d'hydrogène en présence de Pd(OH)$_2$/C dans un mélange MeOH/CH$_2$Cl$_2$ (1:1) a été effectuée sur le composé **69e**. Un seul produit **70e** a été isolé avec un rendement de 80%, mais sa structure proposée au schéma 24 n'a pas pu être clairement identifiée.

Notons que les tentatives d'hydrogénolyse des cycloadduits **68a-e** ont échoué. Pour tous les essais effectués, seul le produit de départ a été récupéré. Cette résistance à la réduction de la liaison N–O peut probablement être expliquée par la rigidité des cycloadduits polycycliques **68a-e** et de la difficulté d'accès à la liaison N–O.

La première voie de synthèse décrite au dessus a permis la préparation de l'α-cyclohexyl-α-aminoacide **72c** avec un rendement global de 14% sur 5 étapes. Cependant, il est possible de limiter le nombre d'étapes qui conduisent à la synthèse des acides aminés cycliques ainsi que le rendement global. Dans ce cadre, Baldwin et coll.[21] ont montré que les isoxazolidines peuvent être facilement converties en α-amino-γ-lactones, qui peuvent ensuite être hydrolysées en γ-hydroxy-α-aminoacides correspondants (Schéma 25).

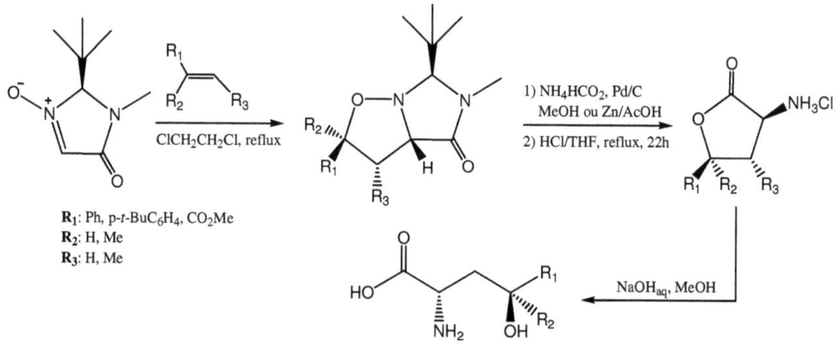

Schéma 25. *Synthèse de 4-hydroxy-α-aminoacides selon Baldwin[21]*

Plus récemment, nous avons noté un procédé assisté par micro-ondes en utilisant des conditions acides ou hydrogénolytiques.[22] Ce procédé permet la coupure monotope des liaisons N-O, N-C-N et amide avec la formation d'α-aminolactone à partir de l'isoxazolidine correspondante (schéma 26).[22]

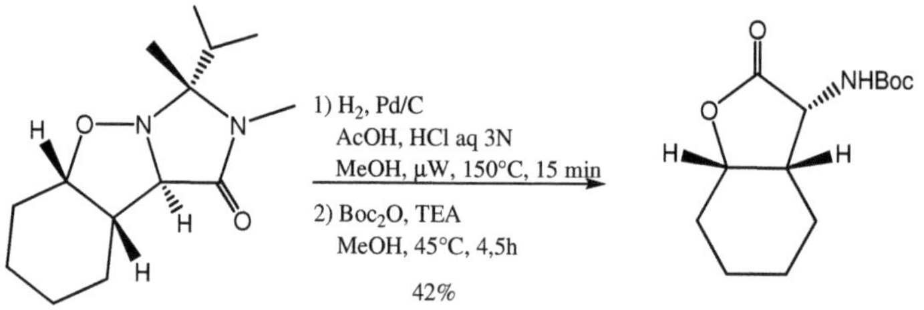

Schéma 26. Préparation de la *N*-Boc-α-amino-γ-lactone

Ayant pris en compte ces observations, nous avons privilégié l'hydrolyse acide des cycloadduits **68a-d** sous irradiation micro-ondes. La réaction est chauffée à 160°C pendant 2h en présence d'un mélange HCl aq. 6N/EtOH pour donner les α-aminolactones **73a-d** correspondantes, avec des rendements allant de 65 à 71% (Schéma 27).

---

21. S. W. Baldwin, A. Long, *Org. Lett.* **2004**, *6*, 1653-1656.
22. M. Thiverny, C. Philouze, P. Y. Chavant, V. Blandin, *Org. Biomol. Chem.* **2010**, *8*, 864-872.

A noter que dans le cas des aminolactones **73a-b** nous avons observé une épimérisation partielle au niveau du centre stéréogène en C-2 détectée par analyse RMN ^{1}H. Cette épimérisation infime est probable puisque le proton en α de la fonction amide est acide, comme montré dans nos travaux précédemment réalisés.[20c]

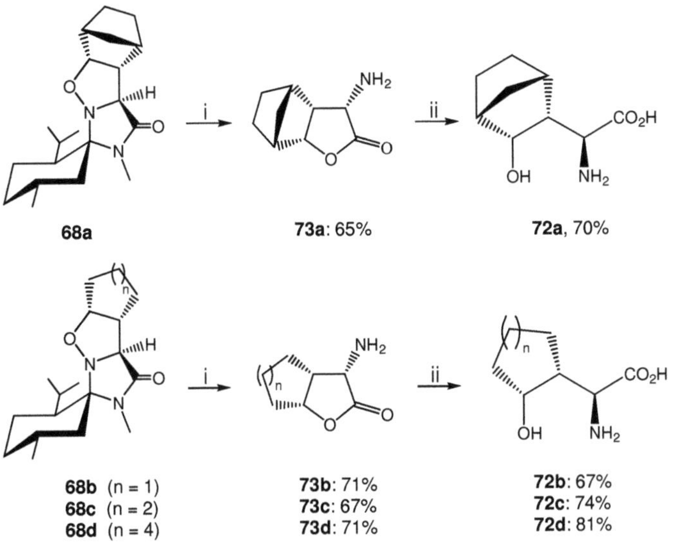

68a	**73a**: 65%	**72a**, 70%

68b (n = 1)	**73b**: 71%	**72b**: 67%
68c (n = 2)	**73c**: 67%	**72c**: 74%
68d (n = 4)	**73d**: 71%	**72d**: 81%

(i) 6N HCl, EtOH, 2h, 160°C, µW; (ii) 2N NaOH, H$_2$O, 2h, t.a.

Schéma 27. *Nouvelle approche vers des acides aminés cycliques* **72a-d**

Pour le clivage de l'auxiliaire chiral et la réduction de la liaison N–O de l'isoxazolidine, Blandin et coll.[22] ont réalisé une hydrogénolyse catalytique en milieu acide et sous irradiation micro-ondes à 150°C pour obtenir l'aminolactone correspondante. Dans notre cas, nous avons utilisé un mélange HCl aq. 6N/EtOH sous irradiation micro-ondes à 160°C et en absence d'un agent réducteur (H$_2$; Pd/C). Le résultat était le même pour 4 dérivés différents et nous avons obtenu les aminolactones correspondantes **73a-d** avec de bon rendement. En se basant sur ces observations nous pouvons conclure que l'ajout de l'agent réducteur (H$_2$; Pd/C) n'est pas nécessaire pour ce type de réaction. Cependant, la réduction spontanée de la liaison N–O de l'isoxazolidine pourrait être expliquée par la présence de l'éthanol qui est utilisé comme solvant et comme agent réducteur. Nous avons choisi de confirmer ce résultat en reproduisant le même protocole (HCl aq. 6N, 160°C, µW) sur les isoxazolidines **68a-d** en utilisant comme solvants le THF ou le dioxan. Nous avons alors observé que le produit de départ reste intact, ce qui confirme davantage notre hypothèse.

Enfin, l'hydrolyse basique des aminolactones **73a-d** permet l'ouverture de la lactone et la formation des acides aminés cycliques **72a-d** avec de bons rendements après une purification sur phase inverse (C-18).

IV. Etudes structurales

La structure des différents cycloadduits **68a-e** obtenus a été déterminée suite à une étude spectroscopique en RMN 1D et 2D. Une analyse par diffraction des rayons X des cycloadduits **68a-e** (Tableau 4)[23-27] a permis de déterminer la configuration relative des stéréocentres. Connaissant la configuration absolue des centres stéréogènes issu de la (–)-menthone, nous avons pu déterminer la configuration absolue des trois carbones asymétriques C-3 (*S*), C-4 (*R*) et C-5 (*R*) (Tableau 4). Toutes les observations illustrées dans le tableau 4 montrent que les cycloadduits **68a-e** sont obtenus avec une régiosélectivité complète (cas du composé **68e**) et une diastéréosélectivité complète au niveau du cycle isoxazolidinique. Ce stéréocontrôle s'explique par l'approche *exo* des deux partenaires lors de la cycloaddition, l'alcène occupant la face la moins encombrée de la nitrone.

---

23. Données de cristal pour le composé **68d**: $C_{21}H_{36}N_2O_2$, Mr = 348.53 g.mol^{-1}, tetragonal, $P4_3$, a = 11.1879 (6) Å, b = 11.1879 (6) Å, c = 15.7516 (6) Å, α = β = γ = 90°, D_{calc} = 1.174 g.cm^{-3}, Z = 4, independent reflections = 3473 (R_{int} = 0.030), *R* values [I >2s(I), 3399 reflections]: R_1 = 0.029, wR_2 = 0.078; S = 1.02; CCDC 994061.

24. Données de cristal pour le composé **68a**: $C_{20}H_{32}N_2O_2$, Mr = 332.48 g.mol^{-1}, Monoclinic, $P2_1$, a = 10.4453 (4) Å, b = 18.1212 (7) Å, c = 10.5386 (4) Å, α = γ = 90° and β = 102.030 (4) , D_{calc} = 1.132 g.cm^{-3}, Z = 4, independent reflections = 6875 (R_{int} = 0.074), *R* values [I >2s(I), 6517 reflections]: R_1 = 0.069, wR_2 = 0.240; S = 1.02; CCDC 994870.

25. Données de cristal pour le composé **68c**: $C_{19}H_{32}N_2O_2$, Mr = 320.48 g.mol^{-1}, Tetragonal, $P4_3$, a = 10.9200 (10) Å, b = 10.9200 (10) Å, c = 15.368 (2) Å, α = β = γ = 90°, D_{calc} = 1.161 g.cm^{-3}, Z = 4, independent reflections = 2318 (R_{int} = 0.089), *R* values [I >2s(I), 1688 reflections]: R_1 = 0.059, wR_2 = 0.106; S = 1.00; CCDC 994064.

26. Données de cristal pour le composé **68b**: $C_{18}H_{30}N_2O_2$, Mr = 306.44 g.mol^{-1}, Monoclinic, C 1 2 1, a = 17.8050 (10) Å, b = 8.2008 (4) Å, c = 11.6483 (7) Å, α = γ = 90° and β = 96.467(6)°, D_{calc} = 1.204 g.cm^{-3}, Z = 4, independent reflections = 2969 (R_{int} = 0.059), *R* values [I >2s(I), 2894 reflections]: R_1 = 0.058, wR_2 = 0.152; S = 0.94; CCDC 994069.

27. Données de cristal pour le composé **68e**: $C_{19}H_{30}N_2O_3$, Mr = 334.45 g.mol^{-1}, Orthorhombic, $P2_12_12_1$, a = 8.5646 (7) Å, b = 12.0765 (8) Å, c = 17.7100 (10) Å, α = β = γ = 90°, D_{calc} = 1.213 g.cm^{-3}, Z = 4, independent reflections = 3228 (R_{int} = 0.031), *R* values [I >2s(I), 3155 reflections]: R_1 = 0.031, wR_2 = 0.084; S = 0.98; CCDC 994071.

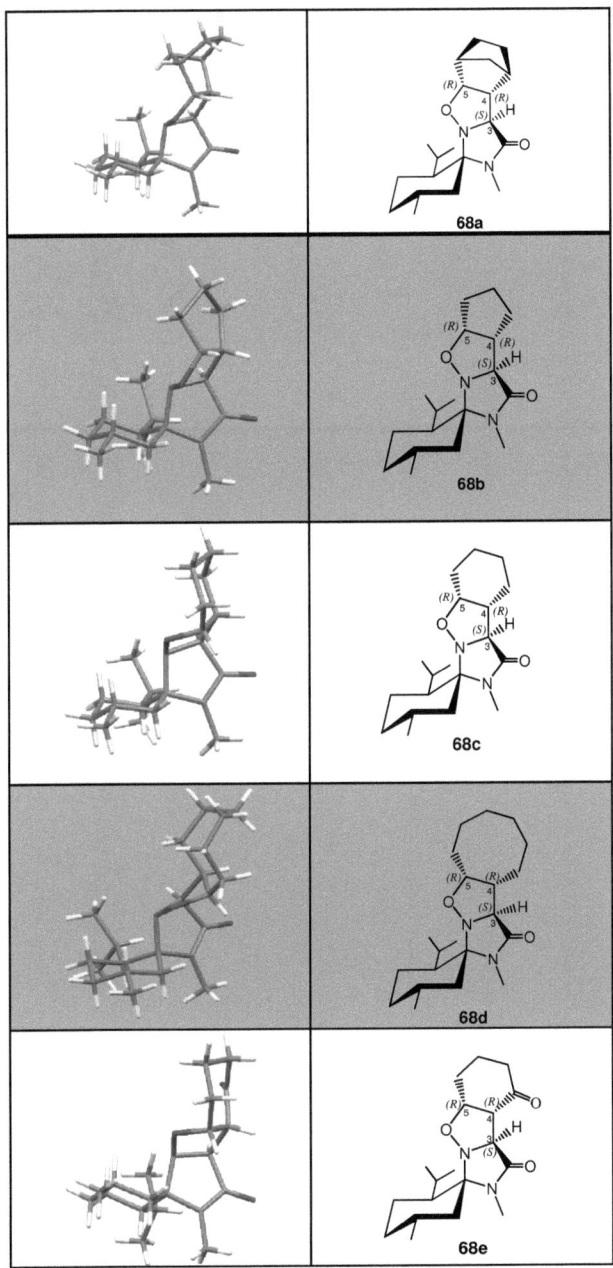

Tableau 4. *Représentations ORTEP des cycloadduits **68a-e***

De même, la stéréochimie des composés **73a-d** et celle des α-aminoacides **72a-d** a été établie à partir de l'analyse de diffraction des rayons X des composés **73a** et **73d** (Tableau 5).[28-29]

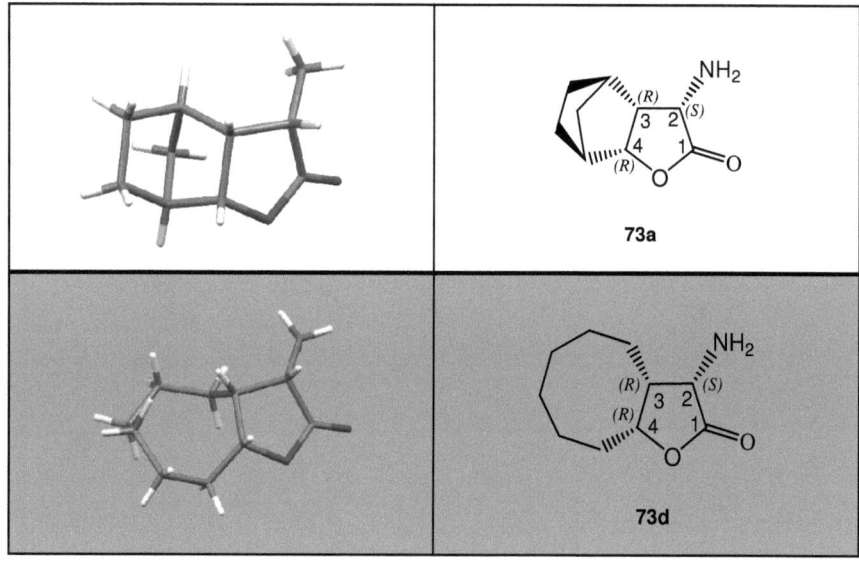

Tableau 5. *Représentations ORTEP des α-aminolactones **73a** et **73d***

---

28. Données de cristal pour le composé **46a**: $C_9H_{14}Cl_1N_1O_2$, Mr = 203.67 g.mol^{-1}, Monoclinic, $P12_11$, a = 7.9580 (10) Å, b = 5.5404(6) Å, c = 11.157(2) Å, $\alpha = \gamma = 90°$ and $\beta = 104.69(2)°$ D_{calc} = 1.421 g.cm^{-3}, Z = 2, independent reflections = 1693 (R_{int} = 0.045), R values [I >2s(I), 1574 reflections]: R_1 = 0.041, wR_2 = 0.083; S = 1.01; CCDC 994065.
29. Données de cristal pour le composé **46d**: $C_{10}H_{18}Cl_1N_1O_2$, Mr = 219.71 g.mol^{-1}, Orthorhombic, $P2_12_12_1$, a = 5.3263 (4) Å, b = 7.7207 (8) Å, c = 27.285 (2) Å, $\alpha = \gamma = \beta = 90°$, D_{calc} = 1.301 g.cm^{-3}, Z = 4, independent reflections = 1981 (R_{int} = 0.060), R values [I >2s(I), 1730 reflections]: R_1 = 0.048, wR_2 = 0.101; S = 0.99; CCDC 994062.

V. Conclusion

Nous avons développé une nouvelle approche simple, courte et efficace vers quatre nouveaux acides α-aminés cycliques énantiopurs non naturels, contenant trois centres stéréogènes contigus, avec un rendement global supérieur à 40% sur trois étapes. L'étape clé de cette synthèse repose sur l'hydrolyse acide (HCl/EtOH) de l'auxiliaire chiral par irradiation micro-ondes qui s'est produite avec une réduction concomitante de la liaison N–O. Les résultats que nous avons obtenus montrent un faible taux d'épimérisation dans l'étape de formation de l'aminolactone.

I want morebooks!

Buy your books fast and straightforward online - at one of the world's fastest growing online book stores! Environmentally sound due to Print-on-Demand technologies.

Buy your books online at
www.get-morebooks.com

Achetez vos livres en ligne, vite et bien, sur l'une des librairies en ligne les plus performantes au monde!
En protégeant nos ressources et notre environnement grâce à l'impression à la demande.

La librairie en ligne pour acheter plus vite
www.morebooks.fr

OmniScriptum Marketing DEU GmbH
Heinrich-Böcking-Str. 6-8
D - 66121 Saarbrücken
Telefax: +49 681 93 81 567-9

info@omniscriptum.com
www.omniscriptum.com

Printed by Books on Demand GmbH, Norderstedt / Germany